測定工具の使い方・校正作業

澤 武一 著

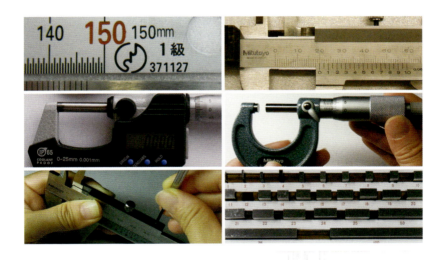

日刊工業新聞社

はじめに

「もののの大きさを測ること（測定）」は日常的に行う作業の一つで、そのときに使用するのが測定工具です。代表的な測定工具にはスケール、ものさし、メジャー、巻尺などがあり、これらは誰もが一度は使ったことのあるのではないでしょうか。

スケールを使うとものの大きさを0.5mmや1mm単位まで測定することができますが、0.05mmや0.01mm、0.001mmの単位まで測定したいときには、ノギスやマイクロメータと呼ばれる測定工具を使います。スケール、ノギス、マイクロメータは「ものの大きさを測る測定工具」で、測定工具の中で最も基本的なものです。したがって、測定を極める第一歩はスケール、ノギス、マイクロメータを構造から理解し、正しく使用することであるといっても過言ではないでしょう。

さて、測定工具を使って「ものの大きさを測った」とき、測定工具の示した測定値が正しいかどうか疑ったことはないでしょうか？　たとえば、体重計にのったときに自分の体重に驚き、目盛を疑ったこと、体重計が壊れているのではないかと思ったことがある方もいると思います。スケール、ノギス、マイクロメータを使うときも同じで、測定工具自体が正常でなければ測定値は「間違った値、デタラメな値」になります。つまり、測定工具を使用する前には必ず測定工具が正常であるか否かという「点検作業」が必要で、点検の結果不備や不都合があれば「校正作業：正常な状態に戻す作業」が必要になります。

本書では、基本的な測定工具であるスケール、ノギス、マイクロメータの正しい使い方、点検方法、校正方法について、写真を多く使いながら解説しています。測定工具を分解し、校正手順を説明しています。ただし、本文中にも記載しましたが、本書で紹介する校正方法はあくまでも測定工具に対する知識を深めることを趣意としており、個人による校正を推奨するものではありません。測定工具は信頼性が大変重要です。測定工具自体の信頼性が必要な場合には測定工具メーカなど校正保証証が発行される機関に校正を依頼することを勧めます。

第5章と本書の各所には、測定を行ううえで絶対に知っておいてほしい知識とポイントを記載しました。測定誤差が生じる理由、測定精度から考えた測定工具の選択指針など、できる限りわかりやすく解説していますので、ぜひ一読ください。

　第4章では使用頻度の高いダイヤルゲージに関しても解説しています。

　本書は従前発刊されていた「目で見てわかる使いこなす測定工具」をカラー化した書籍です。本書を通して、測定工具を真から理解することができ、測定工具を正しく使いこなせるようになるでしょう。本書が測定工具を使用される方々にとって「価値ある内容」であったならば幸甚です。

2024年10月

澤　武一

カラー版 目で見てわかる測定工具の使い方・校正作業──目次

はじめに ………………………………………………………………………………… 1

第1章
スケールを使いこなそう！

1-1　スケール ……………………………………………………………………… 8
1-2　スケールの正しい使い方 …………………………………………………… 10
1-3　スケールをゲージとして使う ……………………………………………… 12
1-4　スケールの裏には情報がいっぱい ………………………………………… 14
1-5　スケールと定規（じょうぎ）は別物!! …………………………………… 16

第2章
ノギスを使いこなそう！

2-1　ノギス ………………………………………………………………………… 18
2-2　ノギスの測定原理 …………………………………………………………… 20
2-3　ノギスの測定値の読み方 …………………………………………………… 22
2-4　目盛を斜めから読むと間違える！ ………………………………………… 23
2-5　ノギスの点検方法 …………………………………………………………… 24
2-6　ノギスの正しい使い方 ……………………………………………………… 30
2-7　ノギスの校正方法（ノギスを分解し、組み立てる）…………………… 44
2-8　測定面の補修および矯正 …………………………………………………… 54
2-9　測定工具の取り扱い方と置き方（絶対にやってはいけないこと）…… 65

第3章
マイクロメータを使いこなそう！

- 3-1 外側マイクロメータ ……………………………………………………………… 68
- 3-2 外側マイクロメータの測定原理 ………………………………………………… 72
- 3-3 外側マイクロメータの測定値の読み方 ………………………………………… 75
- 3-4 外側マイクロメータの点検方法（目盛を校正する2つの方法をしっかりマスターする）…………………………………………………………… 80
- 3-5 外側マイクロメータの正しい使い方 …………………………………………… 104
- 3-6 外側マイクロメータの校正方法（外側マイクロメータを分解し、矯正する）……… 110
- 3-7 内側マイクロメータ（外側マイクロメータとの違い）………………………… 120
- 3-8 外側マイクロメータの扱い方（絶対にやってはいけないこと）……………… 122

第4章
ダイヤルゲージを使いこなそう！

- 4-1 ダイヤルゲージ …………………………………………………………………… 126
- 4-2 ダイヤルゲージを使用した正しい平面度の測定方法 ………………………… 128
- 4-3 ダイヤルゲージの傾きによる測定誤差を利点に換える ……………………… 130
- 4-4 ダイヤルゲージを加工精度向上に使う（測定以外の目的で使う）…………… 131
- 4-5 シリンダゲージ（ダイヤルゲージを利用した測定工具）……………………… 133
- 4-6 ダイヤルゲージの扱い方（絶対にやってはいけないこと）…………………… 136

第5章
絶対に知っておくべき測定工具の基礎知識

- 5-1 アッベの原理を理解する ………………………………………………………… 138
- 5-2 測定値を保証する（トレーサビリティとは？）………………………………… 140
- 5-3 定期検査が必要な理由（器差とは？）…………………………………………… 142
- 5-4 測定精度から考える測定工具の正しい選択方法 ……………………………… 144
- 5-5 測定工具の精度と測定時間の関係を理解する！………………………………… 147

5-6　正しい測定を行うために知っておきたいこと（測定誤差を生む要因）……………148

【参考】

- 正しい測定力の練習方法 ……………………………………………………………… 31
- 内側測定の練習道具 …………………………………………………………………… 34
- JIS ではノギスによる深さ測定と段差測定は保証していない ?! …………………… 43
- 「板ばね」を理解！
  - その①　板ばねの片側には穴がある！ …………………………………… 48
  - その②　板ばねの向きに注意！ …………………………………………… 49
- ねじ、板ばねの購入 …………………………………………………………………… 53
- 矯正に関する注意点 …………………………………………………………………… 61
- マイクロメータの不思議 ……………………………………………………………… 69
- マイクロメータは「専門職」、ノギスは「総合職」………………………………… 71
- マイクロメータのシンブルはアナログ時計と同じ ?! ……………………………… 74
- マイクロは 0.001 mm の意味 ?! ……………………………………………………… 80
- マイクロメータスタンド ……………………………………………………………… 81
- 測定工具の清掃 ………………………………………………………………………… 85
- ブロックゲージ ………………………………………………………………………… 103
- マイクロメータを使って「切りくず」の厚さを測定する ………………………… 124
- バックラッシ …………………………………………………………………………… 131
- 測定子に小さな鋼球を取り付ける …………………………………………………… 132
- アッベの原理に従うか否か …………………………………………………………… 141
- 直読と推読 ……………………………………………………………………………… 143
- 測定場所の標準環境とは？ …………………………………………………………… 149
- マイクロメータのフレームの伸び量 ………………………………………………… 150

【Column】

- 「測定工具」と「測定器」の違いとは？ …………………………………………… 9
- ノギスの英語名称（バーニアキャリパ：Vernier calliper）………………………… 21
- ジョウの名称の由来 …………………………………………………………………… 31
- 機械検査技能士とは？ ………………………………………………………………… 34
- ノギスの名称の由来 …………………………………………………………………… 37
- ノギスの外側ジョウの形状 …………………………………………………………… 62
- 外側マイクロメータの起源 …………………………………………………………… 69

- ・「測定器」と「測定機」の違いとは？ …………………………………………………… 70
- ・人の目の限界 ………………………………………………………………………………… 74
- ・シンブルの目盛のずれを校正するもっとも正しい方法 …………………………………… 90
- ・「ラチェットストップ」と「フリクションストップ」の違い ………………………… 109
- ・測定工具はアナログからデジタルへ進化（読む測定から見る測定へ） ……………… 130
- ・1ｍ（メートル）の定義とは？ …………………………………………………………… 132
- ・巻尺の先端に付いているＬ字金具がグラグラの理由 …………………………………… 154

測定の心得十訓 ……………………………………………………………………………… 155
索引 ……………………………………………………………………………………………… 156
参考文献 ………………………………………………………………………………………… 157

第 **1** 章

スケールを
使いこなそう！

1-1
スケール

　図1.1に、スケールを示します。スケールは「金属製直尺」ともいいます。スケールはJIS B 7516に規定されており、JISでは測定範囲（目盛の長さ）によって150 mm、300 mm、600 mm、1000 mm、1500mm、2000mmの6種類を規定しています。またJISでは、目盛間隔などの性能（精度）により、「1級」と「2級」の2種類を規定していますが、一般的に流通しているスケールはほとんどが1級で、図のようにスケールの表面（または裏面）にJIS 1級のマークがプリントされています。スケールの材質はステンレス鋼が多く、錆びにくくなっています。

　図1.2に、スケールの各部の名称を示します。図に示すようにスケール全体の長さを「全長」、測定範囲の長さを「目盛の長さ」といいます。

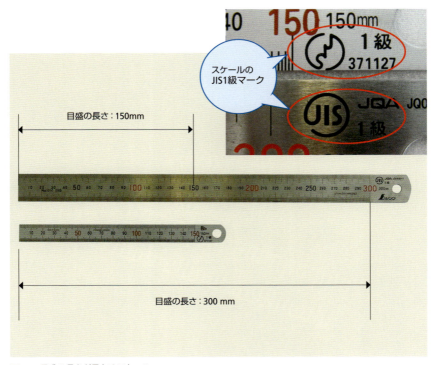

図1.1　目盛の長さが異なるスケール

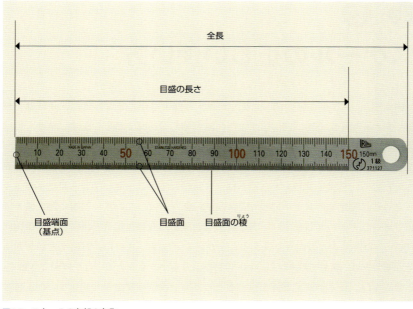

図1.2 スケールの各部の名称

> Column

「測定工具」と「測定器」の違いとは？

生産現場では、「測定工具」と「測定器」という言葉を使い分けることはほとんどありません。読者の方も両者の使い分けに迷われた方も多いでしょう。会社などでは物品を購入する際、購入した物品を税務処理上で区別する必要があり、国税庁ではスケール、ノギス、マイクロメータなど日常的に生産現場で使用し簡単に移動できるものを「工具」の一種とみなし、「測定工具」と呼びます。

一方、比較的高額で据え置きで使用するものを「器具および備品」とみなし「測定器」と呼んでいます。つまり、「測定工具」と「測定器」は主として経理課など資産を管理する部署が使い分ける用語で、生産技術者にとっては厳密に使い分ける必要はありません。

9

1-2
スケールの正しい使い方

図1.3に、スケールを使用した正しい測定の様子を示します。スケールは厚みが薄くたわみやすいため、図に示すように測定物に沿わせて測定します。また、目盛を読むときは目盛を真上から見ることが大切です。

図1.4〜図1.6に、測定値100mmの目盛を真上から見た様子、目盛を右斜めから見た様子、目盛を左斜めから見た様子を比較して示します。図から目盛を真上から見ると、測定物の角と100mmの目盛が完全に一致しており、正確に測定値を確認できることがわかります。一方、目盛を右斜めから見た場合では、測定物の角が100mmの目盛よりも大きく見えることがわかります、さらに、目盛を左斜めから見た場合では、測定物の角が100mmの目盛よりも小さく見えることが確認できます。このように、正しい測定方法を行ったとしても、目盛を真上から読まないと正確な測定値を読み取ることができません。目盛を斜めから見ることによって測定値に誤

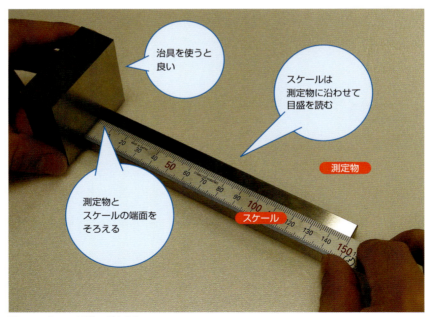

図1.3 スケールの正しい測定方法

差が生じることを「視線による誤差」という意味で、「視差：英語ではParallax」といいます。

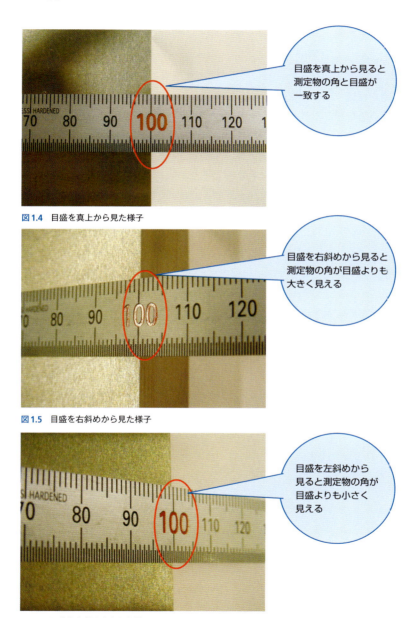

図1.4　目盛を真上から見た様子

図1.5　目盛を右斜めから見た様子

図1.6　目盛を左斜めから見た様子

1-3 スケールをゲージとして使う

図1.7および図1.8に、スケールをゲージ代わりに使用する様子を示します。スケールは測定範囲（目盛の長さ）により「幅と厚み」が決まっています。表1.1に、JISに規定されているスケールの測定範囲と幅および厚みの関係を示します。表から、たとえば測定範囲が150mmのスケールの場合では、幅が15mm、厚みが0.5mmです。したがって、両図に示すように、幅と厚みを利用してスケールをゲージとして代用することもできます。ただし、表に記載のとおり、幅と厚さにはそれぞれ許容差があり、正確に幅が15mmや厚さが0.5mmではありません。したがって許容差を考慮して使用することが大切です。

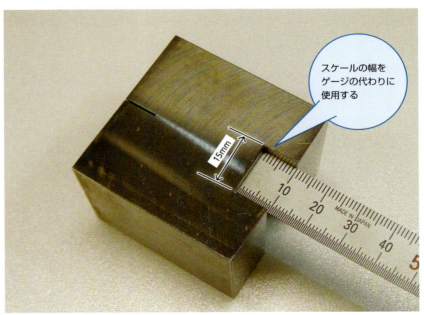

図1.7　スケールの幅をゲージの代わりに使用する

12

図1.8 スケールの厚みをゲージの代わりに使用する

表1.1 スケールの呼び寸法（測定寸法）、全長、厚さ、幅（JIS B 7516）

目盛の長さ mm	全長と許容差		厚さと許容差		幅と許容差	
	mm	mm	mm	%	mm	%
150	175	±5	0.5	±10	15	±2
300	335		1.0		25	
600	640		1.2		30	
1000	1050		1.5		35	
1500	1565		2.0		40	
2000	2065		2.0		40	

スケールの測定単位

スケールは目測でかまわないので測定値を 0.1mm の単位まで読むことが大切です。その理由は P143 の参考に記載しています。

1-4 スケールの裏には情報がいっぱい

　スケールは表面は目盛ですが、裏面はさまざまな情報が記載されています。一般的には、「インチとミリメートルの換算表」や「タップ加工（めねじ切り加工）のための下穴径（ドリル径）」が記載されていることが多いですが、製造メーカによってはその他のいろいろな情報を記載していることもあります。つまり、スケールの裏面には情報がいっぱい詰まっています。

　図1.9～1.12に、スケールの裏面を拡大して示します。図1.9から、1inch（インチ）は25.400mm（ミリメートル）、1／2inch（インチ）は12.7000mm（ミリメートル）であることが確認できます。図1.10では、小さなインチサイズが記載されており、たとえば（1／32）inchは0.79375mm（ミリメートル）、（31／32）inchは24.60625mm（ミリメートル）であることがわかります。このように、スケールの裏面からインチとミリメートルの換算値を知ることができます。

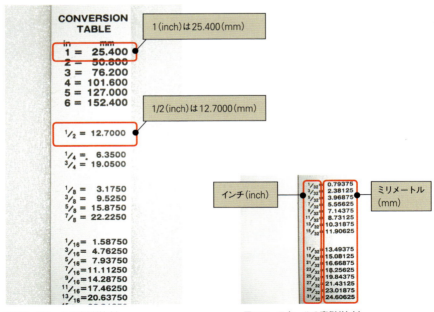

図1.9　スケールの裏側（拡大）　　　　　図1.10　スケールの裏側（拡大）

図1.11では、タップ加工のための下穴径（ドリル径）が記載されていることがわかります。たとえばM6のタップ加工を行う場合の下穴径は5.0mm、M8のタップ加工を行う場合の下穴径は6.8mmであることが確認できます。ただし、タップ加工の下穴径はねじの「引っ掛かり率」によって変わるので注意が必要です。

　図1.12に示す「W.W. UNF」は「W.W」と「UNF」と分けて読み、「W.W」は「ウィットねじ」、「UNF」は「ユニファイねじ」を意味します。「ウィットねじ」と「ユニファイねじ」は両方ともインチ規格のねじで、「ウィットねじ」はねじ山角度が「55°」で主として建築関係・電気・水道・空調設備関係で使用されます。一方、「ユニファイねじ」はねじ山角度が「60°」で、主として航空機・アメリカの自動車で使用されます。たとえば、「W1/2」という表記は「外径が(1/2)inchのウィットねじ」という意味で、タップ加工を行う場合の下穴径は10.7mmということになります。同様に、「U1/2」という表記は「外径が(1/2)inchの「ユニファイねじ」で、タップ加工を行う場合の下穴径は10.8mmということになります。

　このように、外径が「(1/2)inch」と同じでも、ねじの種類によってタップ加工を行う場合の下穴径が異なることも興味深いです。ちなみに、図1.11から、メートル並目ねじの場合には、外径が「12mm（約1/2inch）」のタップ加工を行う場合の下穴径は10.2mmであることがわかります。

　このように、スケールの裏面を注意深く確認すれば、ねじの種類によってタップ加工を行う際の下穴径が異なると分かります。スケールの裏面には現場で必要な知識が詰まっています。

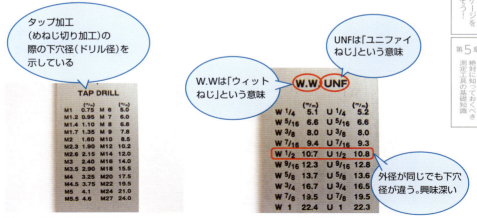

図1.11　スケールの裏側（拡大）　　　図1.12　スケールの裏側（拡大）

1-5 スケールと定規(じょうぎ)は別物!!

図1.13に、「スケール」と「定規」を比較して示します。スケールと定規は同じものと考えられる場合が多いですが両者の役割はまったく異なります。スケールは「長さを測る測定工具」で、定規は「線を引く作業工具」です。その証拠として、スケールは長さを測定しやすくするため、端部から目盛が始まりますが、定規は端部からいく分離れたところから目盛が始まっています。定規の目盛は線を引く時の目安であって長さを測るためではありません。測定の基本知識として両者の違いを覚えておくとよいでしょう。

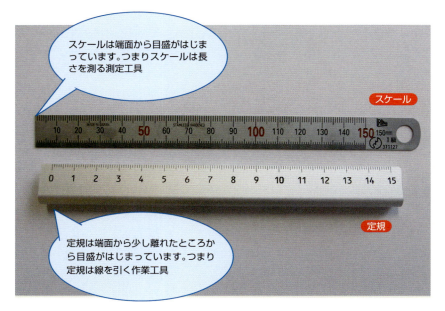

図1.13 「スケール」と「定規」の違い

第 2 章

ノギスを
使いこなそう！

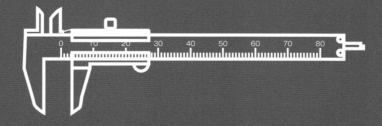

2-1 ノギス

図2.1〜2.2に、ノギスとノギスを使った各種測定の様子を示します。ノギスはJIS B 7507に規定されており、図に示すように、ノギスは測定物の外側（長さ）、内側（穴の径）、深さ、段差の4カ所を測定できる万能測定器です。したがって、ノギスは機械分野だけでなく、建築分野や化学分野などさまざまな分野で使用される測定工具です。最近では、測定値をデジタル表示する「デジタルノギス」も多く見られるようになりました。また、左手が利き手の人用に「左勝手」のノギスも販売されています。

図2.3に、ノギスの各部の名称を示します。図に示すように、前述したスケールと同じ目盛をもつ「本尺」と本尺上を滑動する「スライダ」に分類され、スライダには「バーニア目盛」が刻印されています。そして、外側、内側の測定をつかさどる部分を「ジョウ」、深さ測定を行う部分を「デプスバー」といいます。測定面が傷つきにくいよう超硬合金を使用しているノギスもあります。

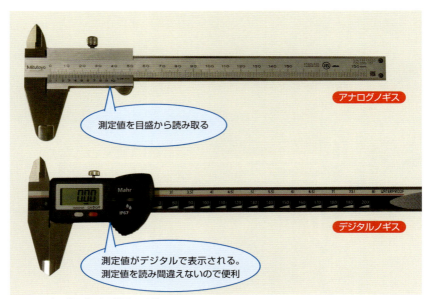

図2.1 アナログノギスとデジタルノギス

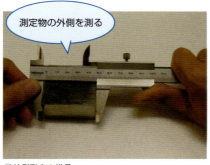

①外側測定の様子　　②内側測定の様子

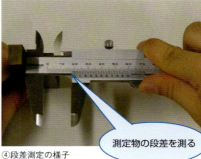

③深さ測定の様子　　④段差測定の様子

図2.2 ノギスの測定例

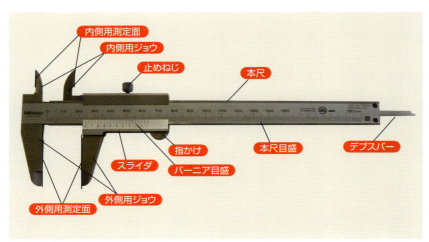

図2.3　ノギスの各部の名称

2-2 ノギスの測定原理

図2.4に、ノギスの本尺とバーニア目盛（バーニア目盛は副尺と呼ばれる場合もあります）を拡大したものを示します。ノギスは本尺とバーニア目盛の両者を組み合わせて測定値を読むしくみになっています。ここでは、ノギスの測定原理について簡単に解説します。

図に示すように、本尺とバーニア目盛の両者のゼロを合わせた場合、バーニア目盛の10は本尺の39mmと一致することがわかります。バーニア目盛は0〜10を20等分した目盛になっているので、バーニア目盛の1目盛は39mmを20等分した値、つまり1.95mmになります。すなわち、図に示すようにバーニア目盛の1目盛と本尺の2mmの間には0.05mmの隙間が生じていることになります。

ここで、図2.5に示すようにバーニア目盛の1目盛目を本尺の2mmに一致させると、単純に隙間がずれるので外側用測定面には0.05mmの隙間が生じることになります。

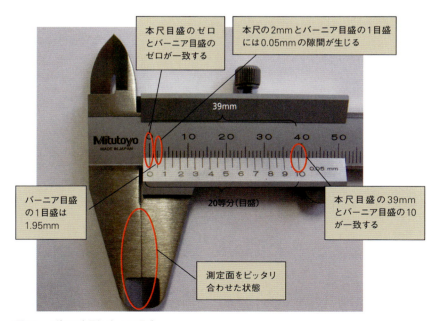

図2.4　ノギスの本尺とバーニア目盛

言い換えれば、本図に示すノギスの場合には0.05mmの隙間まで測定できるということになります。したがって、スライダの右側には0.05mmと刻印されているのです。

このように、ノギスは本尺目盛とバーニア目盛の差を利用することにより、小数点以下の単位まで測定できるようになっています。これがノギスの測定原理です。次の項では具体的な測定値の例を見ていきましょう。

> **Column**
>
> ## ノギスの英語名称（バーニア・キャリパ：Vernier calliper）
>
> 「ノギス」は日本でのみ通じる名称で、アメリカでは「バーニア・キャリパ」と呼ばれます。「バーニア」はノギスで採用しているバーニア目盛の発明者（ピエール・バーニア：Pierre Vernier：1580〜1637年：フランス）の名前で、「キャリパ」とは「2点で挟んで直径などの寸法を測る測定工具」を意味します。

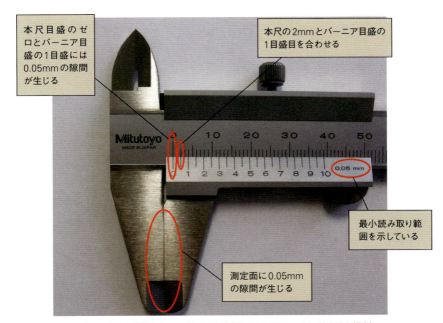

図2.5　外側用測定面に生じる隙間（バーニア目盛の1目盛目を本尺の2mmに一致させた場合）

ノギスの測定値の読み方

　図2.6に、ノギスで測定した具体的な測定値の例を示します。図から、バーニア目盛のゼロが本尺の10mmと11mmの間にあるので、まず、測定値は10mm以上、11mm未満であると判断します。次に、本尺の目盛10mmとバーニア目盛の0（ゼロ）の隙間が小数点以下の測定値になるので、隙間の大きさを以下の手順で確認します。

　バーニア目盛が本尺の目盛と一致している場所を探すと、バーニア目盛の8が本尺の目盛と一致していることがわかります。2-2項で示した測定原理から、本尺の目盛10mmとバーニア目盛の0（ゼロ）の隙間は、0.05mmが16目盛分あるということになるので0.05mm×16という計算で0.8mmということになります。つまり、本尺の目盛10mmとバーニア目盛の0（ゼロ）の隙間は0.8mmなので、測定値は10mm+0.80mmで10.80mmとなります。なお、ノギスの測定に慣れてきた場合には、バーニア目盛の8の刻印が本尺の目盛と一致することから、単純に小数点以下の数値を0.80mmと判断し、測定値が10.80mmと読んでもかまいません。

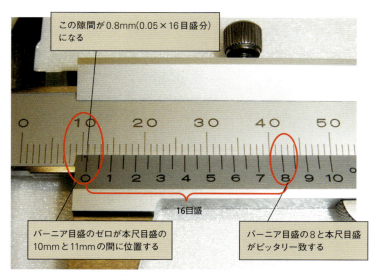

図2.6　ノギスで測定した具体的な測定値の例

2-4 目盛を斜めから読むと間違える！

図2.7に、測定値が20.00mmのときの本尺とバーニア目盛の状態を拡大して示します。図に示すように目盛を真上から見ると、本尺目盛の20とバーニア目盛の0が一致しており、測定値は20.00mmと読むことができます。

一方、図2.8に示すように、目盛を斜め左側から見ると、バーニア目盛の0が本尺目盛の20よりも右側に位置しているように見えることがわかります。すなわち、測定値が20.00mmよりも大きく読めてしまいます。

同様に、図2.9に示すように目盛を斜め右側から見ると、バーニア目盛の0が本尺目盛の20よりも左側に位置しているように見えることがわかります。すなわち、測定値が20.00mmよりも小さく読めてしまいます。

このように、ノギスを使用した測定では斜めから目盛を読むと、目盛を見る方向により測定値を大きく読み間違えたり、小さく読み間違えたりしてしまいます。したがって、正しい測定値を読むためには、本尺とバーニアの目盛を真上から読むことが大切です。

図2.7　目盛を真上から読んだとき

図2.8　目盛を左斜め方向から読んだとき

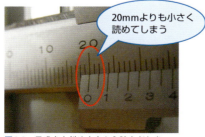

図2.9　目盛を右斜め方向から読んだとき

ココがポイント！　目盛は真上から読むことが大切です

2-5 ノギスの点検方法

ノギスにかかわらず測定工具を使用する場合には、使用する前に必ず点検を行わなくてはいけません。測定方法が正しくても、測定工具自体が乱れていれば正確な測定値を読み取ることはできません。ここではノギスの点検方法について解説します。

【手順1】ノギスの正しい持ち方

図2.10に、外側測定を行う場合のノギスの正しい持ち方を示します。図に示すように、ノギスは利き手で本尺を握るように持ち、親指の腹をスライダの「指かけ」にかけます。そして、親指で「指かけ」を操作し、スライダを滑動させます。なお、スライダの上部にはスライダを固定するための「止めねじ」が付いているので、スライダを滑動する場合には「止めねじ」は緩めておきます。

「止めねじ」は測定時に直接目盛が読めない場合、目盛がずれないようにスライダを固定するために使用します。

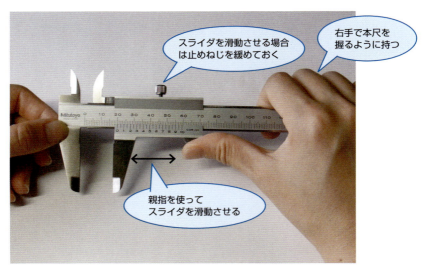

図2.10 ノギスの正しい持ち方

【手順2】外側用測定面、内側用測定面を掃除する

図2.11に、外側用測定面、内側用測定面を清掃する様子を示します。測定面に塵やごみが付着していては正確な点検および測定ができません。したがって、点検・測定前には必ず測定面をきれいにします。図に示すように、潤滑用油・防錆用油を染み込ませたきれいなウエス（布）で拭いてもよいですし、外側用測定面の場合には、図2.12に示すように、きれいな紙を外径用測定面で挟み、紙を挟んだ状態から紙を抜き取ると測定面がきれいになります。なお、図2.13に示すように、測定面を指で拭く行為は絶対に行ってはいけません。作業中の手には油や小さな埃や塵が付着しているので測定面が余計に汚れてしまいます。

> **ココがポイント！**
>
> 測定工具を清掃する場合には、メーカ推奨の潤滑油・防錆油を使用することを勧めます。粘度の低いスピンドル油などでもかまいませんが、一部の市販の潤滑油・防錆油は一時的な潤滑・防錆効果はあるものの、長期間保持するとごみや塵と混ざり固まる場合があります。運動部が固まってしまうと補修も行えません。

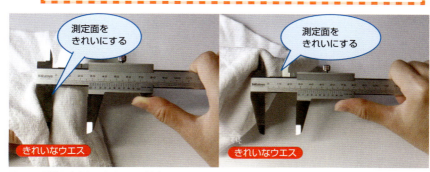

図2.11　測定面をきれいなウエスで拭く

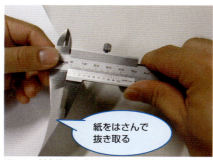

図2.12　紙を使った外径用測定面の正しい清掃方法

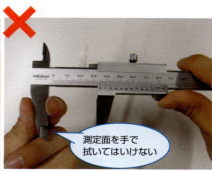

図2.13　指を使った外径用測定面の間違った清掃方法

25

【手順3】外側用測定面の点検(測定面を合わせ、隙間がないことを確認する)

図2.14に、外側用測定面の隙間を確認する様子を示します。親指でスライダを滑動し、外側用測定面を合わせます。そして、「外側用測定面がピッタリと接触し、隙間がないこと」を確認します。隙間の確認は図のように、ノギスを蛍光灯に向かって持ち上げると確認しやすくなります。さらにこのとき、「本尺とバーニア目盛の0(ゼロ)が一致すること」および「本尺の39mmとバーニア目盛の10が一致すること(本図で示すノギスの場合)」を確認します。そして、上記した3つの確認事項がすべて満足していれば外側用測定面は正常といえます。

一方、外側用測定面に隙間が確認できた場合には外側用測定面の補修・校正が必要です。外側用測定面の補修・校正方法は2-8項で解説しているので参照してください。なお、外側用測定面の微小な補修・校正は可能ですが、まずは外側用測定面に隙間が生じることがないよう(歪まないよう)ノギスをていねいに扱うことが大切です。測定面に隙間が生じる主な原因は落下させたり、乱暴に扱ったりといった、間違った使い方によるものです。

①外側用測定面を合わせたとき、隙間が見えてはいけません。
②本尺とバーニア目盛の0(ゼロ)が一致することを確認する。
③本尺の39mmとバーニア目盛の10が一致することを確認する
(ノギスの種類によって一致する目盛が異なる)。

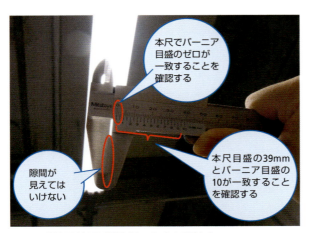

図2.14　外側用測定面に「隙間がない」ことを確認する

【手順4】内側用測定面の点検（測定面を合わせ、隙間があることを確認する）

図2.15に、内側用測定面の隙間を確認する様子を示します。親指でスライダを滑動し、内側用測定面を合わせ、測定面の隙間を確認します。このとき隙間からほんのわずか光が見えるのが正常な状態です。外側用測定面は隙間から光が見えてはいけませんが、内側用測定面はわずかに光が見えるのが正常です。ただし、斜めから見たときはわずかな隙間が見えます。さらにこのとき、外側用測定面の点検と同様に、「本尺とバーニア目盛の0（ゼロ）が一致すること」、および「本尺の39mmとバーニア目盛の10が一致すること（本図で示すノギスの場合）」を確認します。そして、上記した3つの確認事項がすべて満足していれば内側用測定面は正常といえます。

一方、万一、内側用測定面の隙間から光が見えすぎる場合や光の筋に傾きがある場合、または、内側用測定面が重なり、光がまったく見えない場合は内側用ジョウの補修・校正が必要です。内側用ジョウの補修・校正は2-8項で解説しているので参照してください。ただし、外側用測定面と同様に補修・校正が必要ないようにていねいに取り扱うことが最も大切です。

> **ココがポイント！**
> ①内側用測定面を合わせたとき、わずかな隙間が見えないといけません（外側用測定面を合わせたときは隙間が見えてはいけませんが、内側用測定面は隙間がわずかに見えないといけません）。
> ②本尺とバーニア目盛の0（ゼロ）が一致することを確認する。
> ③本尺の39mmとバーニア目盛の10が一致することを確認する（ノギスの種類によって一致する目盛が異なる）。

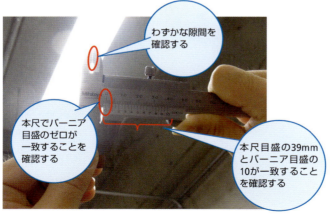

図2.15　内側用測定面に「わずかな隙間がある」ことを確認する

【手順5】深さ用測定面の点検（測定面を合わせ、目盛を確認する）

図2.16に、深さ用測定面の点検の様子を示します。親指でスライダを滑動し、デプスバーを本尺の中に完全に収納します。次に、本尺の深さ測定用測定面を精密定盤の上に置き、「本尺の深さ測定用測定面とデプスバーの測定面が水平に一致すること」を確認します。さらにこの状態で「本尺とバーニア目盛の0（ゼロ）が一致すること」および「本尺の39mmとバーニア目盛の10が一致すること（本図で示すノギスの場合）」を確認します。そして、上記した3つの確認事項がすべて満足していれば深さ用測定面は正常といえます。

一方、本尺の深さ測定用測定面とデプスバーの測定面が水平に一致しない場合には、深さ測定用測定面の補修・校正が必要になります。深さ用測定面の補修・校正方法は2-8項の(4)で解説しているので参照してください。

> **ココが ポイント！**
> ①本尺の深さ測定用測定面とデプスバーの測定面が水平に一致することを確認する。
> ②本尺とバーニア目盛の0（ゼロ）が一致することを確認する。
> ③本尺目盛の39mmとバーニア目盛の10が一致することを確認する（ノギスの種類によって一致する目盛が異なる）。

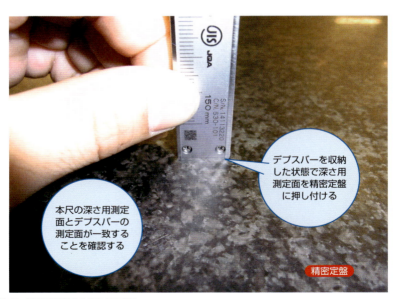

図2.16　深さ用測定面を点検する様子

【手順6】段差用測定面の点検

図2.17に、段差用測定面の点検の様子を示します。親指でスライダを滑動し、本尺の段差用測定面とスライダの段差用測定面を精密定盤に押し付け「両側底面が完全に一致すること」を確認します。さらにこの状態で「本尺とバーニア目盛の0（ゼロ）が一致すること」および「本尺の39mmとバーニア目盛の10が一致すること（本図で示すノギスの場合）」を確認します。そして、上記した3つの確認事項がすべて満足していれば段差用測定面は正常といえます。

一方、本尺の段差測定用測定面とスライダの段差用測定面が水平に一致しない場合には、段差測定用測定面の補修・校正が必要になります。段差用測定面の補修・校正方法はページの都合上割愛しますが、2-8項の(4)で示す方法と同じです。

> **ココがポイント！**
> ①本尺の段差用測定面とスライダの段差用測定面が水平に一致することを確認する。
> ②本尺とバーニア目盛の0（ゼロ）が一致することを確認する。
> ③本尺の39mmとバーニア目盛の10が一致することを確認する
> 　（ノギスの種類によって一致する目盛が異なる）。

図2.17　段差用測定面を点検する様子

2-6
ノギスの正しい使い方

(1) 外側用測定面を使用した正しい測定

　点検が終了し、ノギス本体が正常であることが確認できたら測定を行います。

　図2.18に、外側用測定面を使用した正しい測定の様子を示します。図に示すように、右手で本尺をしっかりと握り、親指で「指かけ」を操作します。左手は本尺の外側用ジョウを軽く支えるようにします。そして、外側用測定面と測定物が平行、垂直に当たるようにします。ノギスの測定面が傾いていては正確な測定ができません。また、できる限り外側用測定面の根元で測定します。測定面が測定物を押さえ付ける力(指かけを押す力)は強すぎても、弱すぎてもいけません。測定面が測定物にカチッと接触したところで本尺とバーニア目盛をまっ直ぐに読みます。ノギスの適切な測定力は約100～150gといわれています。ノギスはアッベの原理に従わない測定工具なので、特に測定力が強すぎる場合には測定誤差が生じやすくなります。アッベの原理は5-1項で解説しているので参照してください。

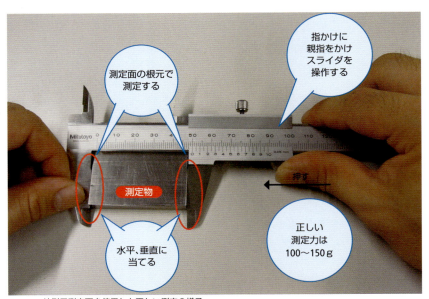

図2.18　外側用測定面を使用した正しい測定の様子

参考 正しい測定力の練習方法

ノギスやマイクロメータは、適切な測定力で測定しないと正しい測定を行うことができません。ノギスやマイクロメータの適切な測定力は数値で定められていますが、実際の測定では測定力を目で見ることはできません。そこで、適切な測定力を身につけられるように、消しゴムなどやわらかいものを測定して練習するのもよいでしょう（図 2.19）。

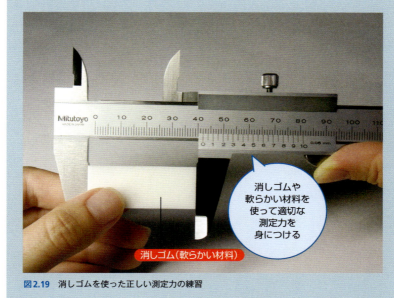

図 2.19　消しゴムを使った正しい測定力の練習

Column

ジョウの名称の由来

ノギスでは測定物を掴む部分を「ジョウ」と呼びます。ジョウ（Jaw）は英語で顎（あご）という意味で、特に「外側用ジョウ」は顎に見立てたことが名前の由来です。一方、生産現場では慣用的に「内側用ジョウ」を「クチバシ」という場合があります。これは鳥の「クチバシ」のように見えることが由来です。いずれにしてもネーミング（名称、呼称）は何かに見立てられることが多いようです。

(2) 止めねじを使った測定の例

　図2.20に、「止めねじ」を使用した測定例を示します。「止めねじ」はスライダを固定するねじです。測定箇所が入り組んだ場所や暗闇などで測定時に直接目盛を読めない場合には、ノギスを引き上げた後、目盛を読みます。しかし、ノギスを引き上げる際にスライダが動いてしまっては正しい測定値を読むことができません。このようなとき、「止めねじ」を使用してスライダを固定します。なお、直接目盛が読める場合には「止めねじ」は使用せず、適切な測定力を与えた状態で目盛を読みます。「止めねじ」を使用した測定は、適切な測定力を与えた状態で目盛を読む場合よりも測定誤差が生じやすいです。

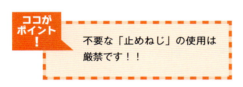

図2.20　「止めねじ」を使用した測定例

(3)内側用測定面を使用した正しい測定

図2.21に、内側用測定面を使用した正しい測定の様子を示します。図に示すように、本尺を右手でしっかりと握り、親指で「指かけ」を操作します。左手は測定物か、本尺のどちらかを支え、内側用測定面と測定物が平行、垂直に当たるようにします。内側測定のポイントは、図に示すように、内側用測定面を測定物にできるだけ深く入れることですが、内側用測定面の逃げの部分まで入れる必要はありません。一方、図2.22に示すように内側用測定面の入りが浅い場合には、正確な測定ができないので注意してください。内側測定も外側測定と同様に適切な測定力は100〜150gです。

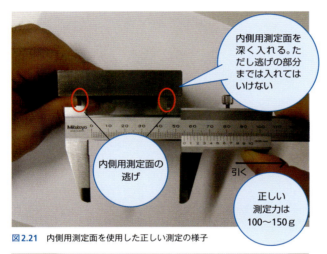

図2.21　内側用測定面を使用した正しい測定の様子

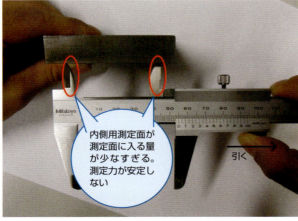

図2.22　内側用測定面を使用した間違った測定の様子

参考 内側測定の練習道具

図2.23に示すように、ブロックゲージを3枚使って凹の字をつくり、ブロックゲージの寸法と同じ測定値を読めるかどうか測定練習を行うのもよいでしょう。なお、ブロックゲージを密着させる手法を「リンギング」といいます。

リンギングに関しては別書「目で見てわかる測定工具の使い方」((河合利秀著:日刊工業新聞社発行)を参照してください。

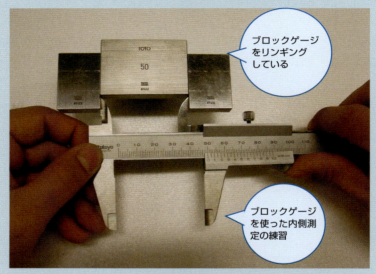

図2.23 ブロックゲージを使った内側測定の練習

Column

機械検査技能士とは？

機械検査技能士とは技能検定の一種で、測定工具の取り扱いスキルと知識を認定する国家資格です。等級は3級から特級まであり、3級は初心者、特級は監理者レベルです。実技試験と学科試験の両方に合格することによって取得することができます。1級、2級の合格率はおよそ30%ほどです。技能士資格は更新制ではなく、永久ライセンスなので取得する機会があればチャレンジしてみてはいかがでしょうか。

①内側ジョウ（内側用測定面）で絶対にやってはいけないこと！

図2.24に、内側用測定面を使用した「けがき作業」の様子を示します。図に示すように、一部の生産現場において、内側用測定面を使用して「けがき作業」を行う様子を見かけることがありますが、ノギスを「けがき作業」に使用しては絶対にいけません。ノギスは測定工具であり、「けがき作業工具」ではありません。内側用測定面が歪んでしまい、正しい測定ができなくなってしまいます。

②穴の直径測定の落とし穴：その1（間違った測定の仕方）

図2.25に、内側用測定面を使用した穴の直径測定の間違った測定を示します。内側用測定面を使用して穴の直径を測定する場合、図に示すように、内径用測定面を穴の表面に平行に当てると、内径用測定面が穴の淵に当たり、実際の穴の直径より

図2.24　ノギスをけがき作業に使う様子（絶対にやってはいけない！）

図2.25　内側用測定面を使用した穴の直径測定の間違った測定例

も小さく測定されてしまいます（模式図は図2.26を参照）。

　内側用測定面を使用して穴の直径を測定する場合には、図2.27に示すように、必ず内側用測定面と穴の直径を水平にします。

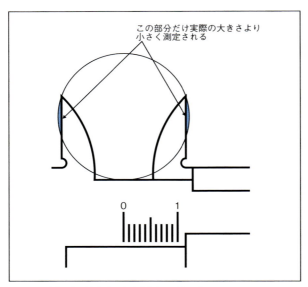

図2.26　間違った測定方法により発生する測定誤差

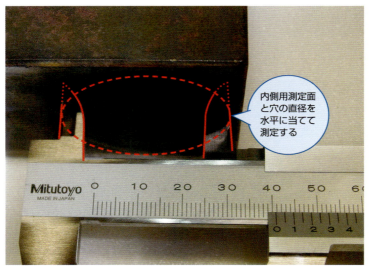

図2.27　内側用測定面を使用した穴の直径測定の正しい測定例

ココがポイント！

図 2.28 に示すように、円柱や穴の直径など円形状を測定するときは3カ所程度（約 120°間隔で）測定位置を変えて測定します。円形状は真円になっていることは少なく、わずかに楕円や三角形状（ルーローの三角形）になっていることが多いです。そのため、測定点を変えるとわずかに測定値も変化することがあります。ルーローの三角形は各自で調べてください。

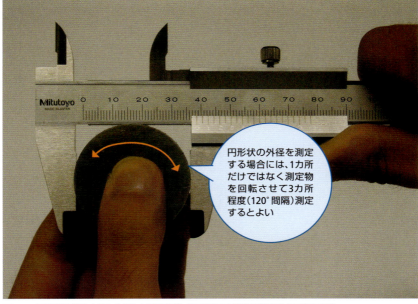

図2.28　円形状を測定するときは3カ所程度（約120°間隔で）測定位置を変えて測定する

Column

ノギスの名称の由来

ノギスという名称はドイツ語の Nonius（ノニス）が語源です。「ノニス」はドイツ語で「副尺」という意味です。

③穴の直径測定の落とし穴：その２（必ず生じてしまう測定誤差）

図2.29に、内側用ジョウを拡大した様子を示します。図からわかるように、本尺とスライダの内側用ジョウは上下にずれており、両者の間にはわずかな隙間があることがわかります。本尺とスライダの内側用ジョウは交差するので構造上、本尺とスライダの内側用ジョウには隙間が必ず生じます。

図2.30に、内側用測定面を使用した穴の直径測定の様子を正面から見た模式図を示します。図から、内側用測定面を使って穴の直径を測定した場合、本尺とスライダの内側用ジョウの隙間C（付録写真参照）に起因する測定誤差（φD－φd）が発生し、測定値（φd）が実際の穴の直径（φD）よりも小さくなることがわかります。すなわち、ノギスの内側用測定面を使用して穴の直径を測定する場合には、正しい測定を行ったとしても、ノギスの構造的な問題（本尺とスライダの内側用ジョウの隙間）によって微小な測定誤差が必ず発生すると理解しておくことが大切です。したがって、内側用測定面を使用して穴の直径を測定する際には、測定値をできるだけ実際の穴の直径に近づけるため、測定値が最大になった時点の値を読むように心掛けることが大切です。

表2.1に、内側用測定面を使用した内側測定における実際の穴の直径と測定誤差（φD－φd）の一例を示します。表から、穴の直径が小さくなるほど測定誤差が大きくなることがわかります。このことも覚えておくとよいでしょう。

> 内側用測定面を使用して穴の直径を測定する際には、
> 測定値が最大になった時点の値を読むことが大切です。

図2.29　内側用ジョウを拡大した様子

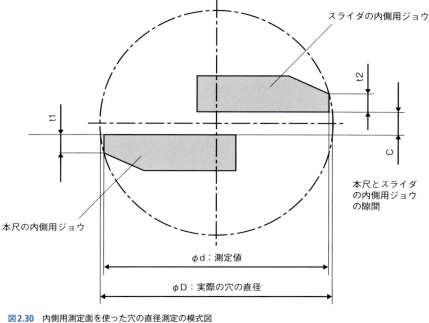

図2.30 内側用測定面を使った穴の直径測定の模式図

表2.1 内側用測定面の隙間による穴の直径と測定誤差の関係（一例）

穴の直径 (mm)	t1 + t2 + Cの値 (mm)				
	0.3	0.4	0.5	0.6	0.7
2.0	0.023	0.041	0.060	0.090	0.130
3.0	0.015	0.027	0.042	0.060	0.080
4.0	0.011	0.020	0.031	0.045	0.060
5.0	0.009	0.014	0.026	0.033	0.047

φD − φd の値（測定誤差）

実際の穴の直径　測定値

穴が小さいほど、隙間が大きいほど測定誤差は大きくなる

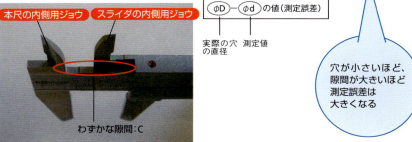

39

(4) 深さ用測定面を使用した正しい測定

　図2.31および図2.32に、両手および片手によるデプスバーを使用した正しい深さ測定の様子を示します。図に示すように、両手の場合には左手で深さ用測定面付近を支え、深さ用測定面が測定物の表面に平行にぴったりと押し当たるようにします。次にノギスをまっすぐにした状態で、右手の人差し指を使って「指かけ」をゆっくり操作し、デプスバーの深さ用測定面を下ろしていきます。このとき、勢いよくスライダを滑動し、大きな力でデプスバーを測定物に接触させると、デプスバーの深さ用測定面および測定物を傷つけてしまうので注意してください。

　一方、片手で測定する場合には、図に示すように、右手で本尺を握り、はじめに、深さ用測定面を測定物の表面に平行にぴったりと押し当てます。次に、親指を使ってデプスバーを下ろしていきます。左手は測定物を支えるようにします。片手で深さ測定を行う場合には、図のように、ノギスの構造上裏向きで測定することになるため目盛を読むことができません。したがって、「止めねじ」を使用してスライダを固定した後に目盛を読みます。

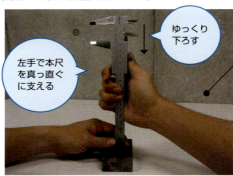

図2.31　デプスバーを使用した正しい深さ測定の様子（両手の場合）

図2.32　デプスバーを使用した正しい深さ測定の様子（片手の場合）

ココが ポイント！

デプスバーを使用した穴深さ測定のコツ

図 2.33 に、デプスバーを使用した穴深さの測定のコツを示します。デプスバーを使った穴深さ測定では深さ用の測定面と測定物の接触面積をできる限り大きくし、ノギスを安定させることが正確な測定を行うためのポイントです。したがって、図に示すように、穴の直径に合わせてノギスの測定面の設置方法を変えることが「デプスバーを使用した穴深さの測定のコツ」といえます。

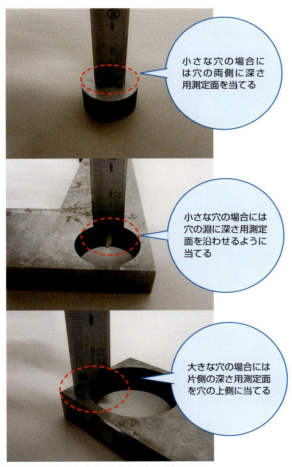

小さな穴の場合には穴の両側に深さ用測定面を当てる

小さな穴の場合には穴の淵に深さ用測定面を沿わせるように当てる

大きな穴の場合には片側の深さ用測定面を穴の上側に当てる

！ 穴の直径に合わせて、ノギスの測定基準面の設置方法を変える

図2.33　デプスバーを使用した穴深さの測定のコツ

デプスバーを使用した深さ測定の注意点

図2.34 に、デプスバーの深さ用測定面を示します。図から、デプスバーの深さ用測定面の一方にはR形状の「逃げ」が付いていることが確認できます。図2.35 に示すように、機械加工を行った工作物の隅部には必ず小さな削り残しが発生するため完全な90°ではありません。つまり、図2.36 のように、デプスバーの深さ用測定面を工作物の隅部に当てると正確な段差を測定することができません。このため、デプスバーの深さ用測定面の一方には逃げが付けてあり、デプスバーを使用した深さ測定を行う場合には、図2.37 に示すように、工作物の隅部に逃げ部を向けて測定します。

図2.34　デプスバーの深さ用測定面

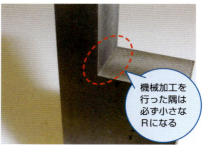

図2.35　機械加工を行った工作物の隅部

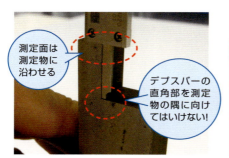

図2.36　間違った深さ用測定面の使い方

図2.37　正しい深さ用測定面の使い方

(5)段差測定

図2.38に、段差用測定面を使用した正しい段差測定の様子を示します。図に示すように、段差測定は本尺とスライダの段差用測定面(側面)を測定物に押し当てて測定します。はじめにノギスを右手でしっかりと握り、本尺の段差用測定面を測定物に接触させます。その後、親指で指かけを操作し、スライダの段差用測定面を測定物の段差部に接触させます。段差用測定面と測定物が平行、垂直に当たるように心がけます。

段差測定はノギスの裏側を使います。

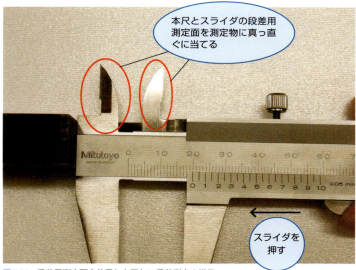

図2.38 段差用測定面を使用した正しい段差測定の様子

JIS ではノギスによる深さ測定と段差測定は保証していない?!

JIS におけるノギスの性能評価項目には外側測定と内側測定しか規定されておらず、デプスバーを使用した「深さ測定」と「段差測定」の性能評価項目はありません。つまり、JIS ではデプスバーを使用した深さ測定と段差測定の測定精度を保証していません。使用者の自己責任ということになります。ただし、簡易的に深さ測定や段差測定を行うにはノギスで十分で、正確に深さや段差を測定する場合には、「デプスマイクロメータ」を使用するとよいでしょう。

43

2-7
ノギスの校正方法
（ノギスを分解し、組み立てる）

　ノギスを長期間使用していると本尺とスライダの隙間に小さなごみや塵が入り込み、滑動状態が悪くなってしまいます。このようなときは、ノギスを分解して手入れをすることで、新品同様に蘇らせることができます。以下に、ノギスを分解する手順と校正方法について解説します。

【手順1】「止めねじ」を外す

　図2.39に、「止めねじ」を外す様子を示します。「止めねじ」はスライダを固定するねじです。「止めねじ」の使用方法は2-6項の(2)で解説しているので参照してください。

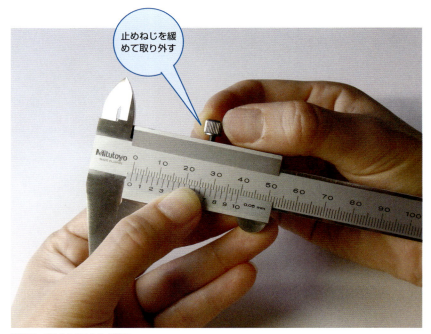

図2.39　「止めねじ」を外す様子

【手順2】板ばねの存在を確認する

　図2.40に、スライダを横から見た様子を示します。図に示すように、本尺とスライダの滑動部の隙間に「黄金色の部品（黄銅または銅製の部品）」を確認することができます。この部品が「板ばね」で、本尺とスライダの滑動具合は「板ばね」の張力によって調整されています。ノギスは長期間使用していると、「板ばね」に塵やごみが付着して本尺とスライダの滑動具合が悪くなります。このようなときには、「板ばね」を取り外し清掃します。次の手順では「板ばね」を外すのであらかじめ「板ばね」の存在を確認しておきます。

【手順3】「セットねじ」と「押しねじ」を外す

　図2.41に、スライダを上部から見た様子を示します。図に示すように、スライダの上部両端には小さなねじが内蔵されていることがわかります。この両方のねじを緩めて外すことにより、本尺とスライダの拘束を完全に解除することができます。

　図2.42に、「セットねじ」と「押しねじ」を外す様子を示します。スライダの上部には2つのねじが内蔵されており、1つを「セットねじ」、もう1つを「押しねじ」といいます。両者は同じ「ねじ」ですが、いく分役割が異なります。「セットねじ」と「押しねじ」

図2.40　スライダを横から見た様子（「板ばね」の存在を確認する）

の役割の違いは次項で説明しています。本図で示すノギスの場合には、ノギスを表から見てスライダの上部左側のねじが「セットねじ」で、上部右側のねじが「押しねじ」になっています。ノギスの製造メーカによって「セットねじ」と「押しねじ」の位置が反転する場合があるので、「セットねじ」および「押しねじ」を取り外す場合には、位置関係を確認しておくことが大切です。

　図2.43に、「セットねじ」と「押しねじ」を比較して示します。図から、「セットねじ」の先端は尖っており、押しねじの先端は平坦であることがわかります。

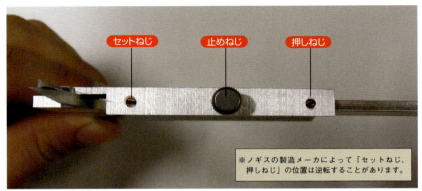

図2.41　スライダを上部から見た様子

図2.42　「セットねじ」と「押しねじ」を外す様子

図2.43　「セットねじ」と「押しねじ」

スライダの滑動具合は「セットねじ」と「押しねじ」を締めたり、緩めたりすることで簡単に調整できます。

【手順4】「板ばね」を外す

図2.44に、「板ばね」を外す様子を示します。「セットねじ」および「押しねじ」を緩めて外した後、図に示すように、精密ドライバなど細い棒で「板ばね」を押すと、「板ばね」を本尺とスライダの間から取り外すことができます。「板ばね」を取り外すと、本尺とスライダの拘束を完全に解除することができます。

図2.45に、取り外した「板ばね」を示します。図に示すように、ノギスに使用されている板ばねは一般に黄銅製（または銅製）で、外観は黄金色です。「板ばね」はばねの一種で、金属の弾性（元に戻ろうとする性質）を利用しています。ノギスは「板ばね」によって本尺とスライダを適度な圧力で支持し、スライダを滑動できるしくみになっています。

図2.44 「板ばね」を外す様子

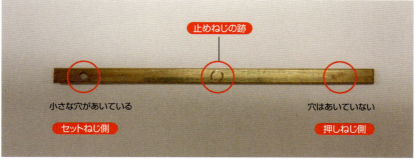

図2.45 「板ばね」を上から見た様子

> 参考 「板ばね」を理解！

その① 板ばねの片側には穴がある！

　図 2.45 から、板ばねの片側には小さな穴があることがわかります。この穴は「セットねじ」が入る穴です。「セットねじ」は板ばねをスライダに押し付け、スライダの滑動具合を調整する役割をもつことと同時に、板ばねが本尺とスライダの間から抜け落ちないように保持する役割ももちます。したがって、「セットねじ」は先端が尖っていることに加え、「セットねじ」側の板ばねには小さな穴があいてあり、両者がはまり合うようになっています。つまり、板ばねを再度取り付ける場合には、「セットねじ」が入る方に穴が位置するように注意しなければいけません。

　一方、「押しねじ」が入る方向には穴はありません。「押しねじ」は板ばねをスライダに押し付け、スライダの滑動具合を調整する役割のみです。本尺とスライダの滑動具合の調整は「セットねじ」と「押しねじ」の両方を緩めたり、締め付けたりすることによって行います。具体的には、スライダの滑動が重い場合には両方のねじを緩め、滑動が軽い場合には両方のねじを締めます。本図に示すノギスの場合には、図 2.41 に示すように、スライダの上部左側が「セットねじ」で、上部右側が「押しねじ」になっています。ノギスの製造メーカによっては「セットねじ」と「押しねじ」の位置が逆転するノギスもあり、「セットねじ」がスライダの上部左側の場合には締めすぎると、図 2.46 に示すように板ばねが引っ掛かり、測定誤差を生む原因になるので注意してください。

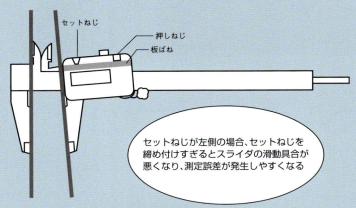

図 2.46　「板ばね」の締め付け力と測定誤差の関係を示した模式図

その② 板ばねの向きに注意！

図2.47に「板ばね」を横方向から見た様子を示します。板ばねを横方向から見ると、板ばねは上側に湾曲していることがわかります。この湾曲が板ばねの張力になり、本尺とスライダが適度な圧力で保持されます。ここで、板ばねを再度取り付ける場合には、必ず上側に湾曲している状態（図に示した方向）で差し込みます。取り付ける際には板ばねの湾曲方向を間違えないように注意が必要です。下側に湾曲した状態（図で示した方向と逆方向）で板ばねを取り付けると、ばねの山側が止めねじの方向になるので、止めねじを締めつけた際、板ばねがつぶれてしまい機能を失ってしまいます。

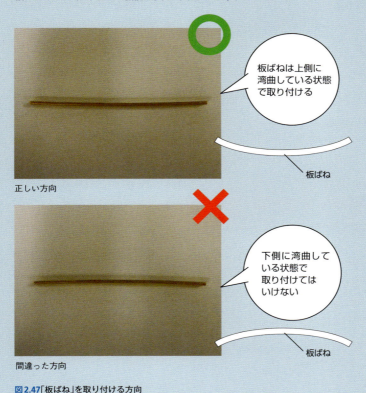

図2.47「板ばね」を取り付ける方向

【手順5】本尺の右端部表面にある「ねじ」を緩めて外す。

　図2.48に、本尺の右端部表面の「ねじ」を緩める様子を示します。図に示すように、本尺右端部表面の「ねじ」を緩めて外すと、図2.49に示す本尺の裏側の部品（スライダを本尺から外れないようにしている部品：一般に「ストッパ」と呼ばれる）が外れ、スライダを本尺から完全に取り外すことができます。

　図2.50に、取り外したすべての部品を示します。デプスバーはスライダに溶接されていることがわかります（図2.51参照）。製造メーカによってはねじやピンなどで止められています。いずれにしても本尺からスライダを取り外した際には、デプスバーが曲がることがないよう慎重に扱ってください。

図2.48　本尺の右端部表面の「ねじ」を緩める様子

図2.49　本尺の裏側の部品（スライダを本尺から外れないようにしている部品）

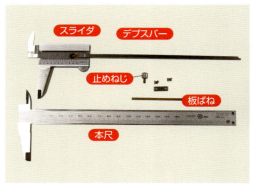

図2.50　取り外したすべての部品

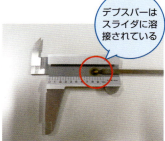

図2.51　スライダとデプスバーの溶接部

【手順6】潤滑油・防錆油を染み込ませたきれいなウエスで「本尺」、「スライダ」、「板ばね」を清掃する。

　図2.52～2.54に、潤滑油・防錆油を染み込ませたきれいなウエスで「本尺」、「スライダ」、「板ばね」を清掃する様子を示します。潤滑油・防錆油は市販のもの（粘度の低いスピンドル油など）でもよいですが、できる限りメーカ推奨のものを使用することを勧めます。

　スライダの滑動具合が悪くなる主な原因は本尺とスライダの隙間（板ばね）に小さな切りくずやごみ、塵などが入り込むことです。したがって、本尺、スライダ、板ばねをそれぞれきれいに清掃することにより、滑動具合を新品と同様に蘇らせることが可能です。なお、図2.55に示すように、「板ばね」の湾曲は不要に変更してはいけません。

図2.52　「本尺」を清掃する様子

図2.53　「スライダ」を清掃する様子

図2.54　「板ばね」を清掃する様子

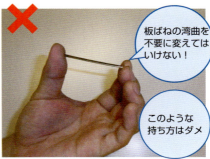

図2.55　「板ばね」を湾曲させる様子

【手順7】取り外した部品を組み立てる。

　各部品を取り外した手順をさかのぼる順序で組み立てていきます。なお、「板ばね」を取り付けるときには、「板ばね」が上側に湾曲した状態で取り付けること、穴のあいている方向が「セットねじ」側になることに注意します。

【手順8】スライダの滑動具合を確認する。

　図2.56に、ノギスを正しく持ち、スライダの滑動具合を確認する様子を示します。図に示すように、ノギスを正しく持ち、スライダの滑動具合を確認します。スライダの滑動にガタつきやムラがなければ大丈夫です。また、測定範囲全域にわたり滑動具合を確認しましょう。

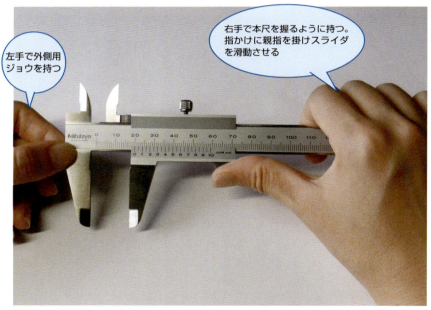

図2.56　ノギスを正しく持ち、スライダの滑動具合を確認する様子

【手順9】滑動具合を確認後、もう一度点検を行う。

　各種部品が元どおり組み立てられたら、最後に2-5項で解説した点検を行います。点検が完了し問題がなければ、購入直後と同程度に甦らせることができるでしょう。

「セットねじ」、「押しねじ」は完全に締めた状態から45°程度緩めた位置が通常の位置である

図2.57　完全に締め付けた状態からおよそ45°緩めた位置が通常の位置

> **ココがポイント！**
> スライダの滑動具合は「セットねじ」と「押しねじ」の締め付け力で調整しますが、目安として、「セットねじ」と「押しねじ」を完全に締め付けた状態から、およそ45°緩めた位置が通常の位置です（図2.57参照）。

参考　ねじ、板ばねの購入

　セットねじ、押しねじ、板ばねはメーカから購入することができます。

測定面の補修および矯正

(1)測定面の補修

　図2.58および図2.59に、「油といし」を使用して外側用測定面および内側用測定面を補修する様子を示します。図2.60のように、さまざまな事情で測定面に傷がついた場合や凸凹がついた場合には、図に示すように、油といし（細目）の全面を使って測定面を一様に撫で傷や凸凹を除去します。補修終了後は2-5項で示したように測定面の点検を行います。

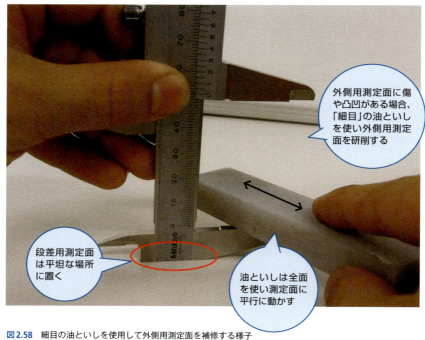

図2.58　細目の油といしを使用して外側用測定面を補修する様子

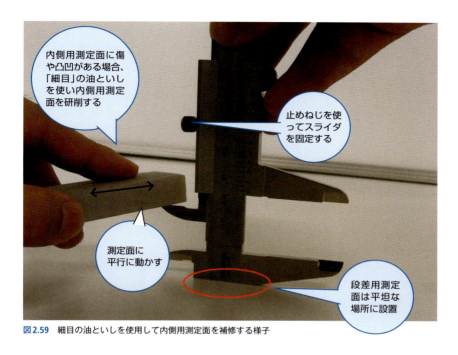

図2.59 細目の油といしを使用して内側用測定面を補修する様子

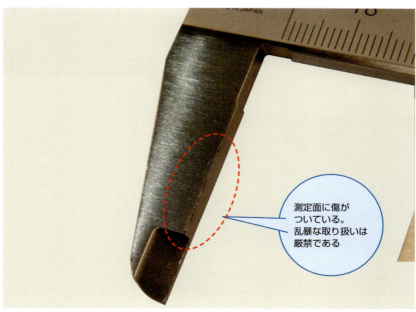

図2.60 傷がついた測定面の様子

55

(2) 外側用ジョウの矯正

図2.61に、本尺の外側用測定面の先端が外側に広がっている様子を示します。図に示すように、本尺とスライダの外側用測定面を接触させたとき、外側用測定面の先端が外側に広がり隙間が確認できた場合には、外側用ジョウを矯正することで、外側用測定面を真っ直ぐにし、隙間をなくすことができます。

図2.62に、本尺の外側用測定面の先端を内側に矯正する様子を示します。図2.61に示すように、本尺の測定面の先端が外側に広がっている場合には、外側用ジョウの外側の根元を叩くことによって外側用測定面の先端を内側に矯正することができます。

はじめに、本尺をバイスで保持します。このとき、本尺が変形しないように、また傷つかないようにバイスの口金には銅板やアルミ板を被せます。次に、鉄ハンマ

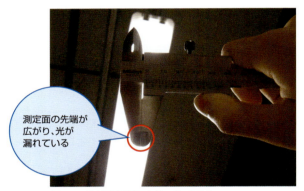

図2.61　測定面が外側に広がっている場合

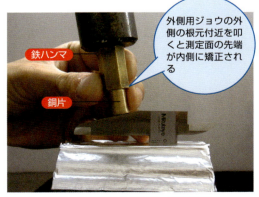

図2.62　外側ジョウを矯正する様子（ジョウの根元の部分を軽く叩く）

で外側用ジョウの外側の根元部分を軽く叩きますが、鉄ハンマで直接叩くとジョウに打撃痕が残ってしまうので、打撃痕がつかないよう銅片を介するなど工夫します。または、ショックレスハンマや木ハンマを使用してもかまいません。外側用ジョウの外側の根元部分を叩くと、外側用測定面の先端はわずかに内側に向くので測定面は元どおりまっ直ぐになります。

　外側用測定面の先端を内側に矯正する場合、図2.63および図2.64に示すように、段差用測定面や外側用ジョウの外側の先端部を叩いてはいけません。段差用測定面を叩くと測定面に傷がつきますし、外側用ジョウの外側の先端部を叩くと、外側用測定面の先端部のみが過度に内側に向いてしまい、余計に矯正が困難になります。

図2.63　段差用測定面を叩いてはいけない！

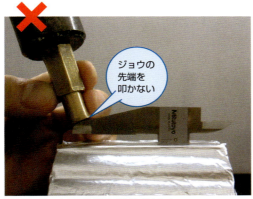

図2.64　ジョウの先端を叩いてはいけない！

57

図2.65に、本尺の外側用測定面の先端が内側に曲がっている様子を示します。図に示すように、本尺とスライダの外側用測定面を接触させたとき、外側用測定面の先端部が内側に曲がり隙間が確認できた場合には、外側用ジョウを矯正することで、外側用測定面をまっ直ぐにし、隙間をなくすことができます。

図2.66に、本尺の外側用測定面の先端を外側に矯正する様子を示します。図2.65に示すように、本尺の測定面の先端が内側に曲がっている場合には、外側用ジョウの内側の根元を叩くことによって外側用測定面の先端を外側に矯正することができます。

はじめに、本尺をバイスで保持します。このとき、本尺が変形しないように、また傷つかないようにバイスの口金には銅板やアルミ板を被せます。次に、鉄ハンマで外側用ジョウの内側の根元部分を軽く叩きますが、鉄ハンマで直接叩くとジョウに打撃痕が残ってしまうので、打撃痕がつかないよう銅片を介するなど工夫します。

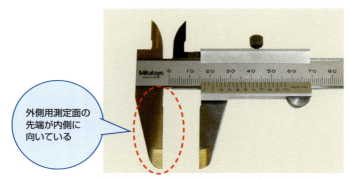

図2.65　外側用測定面の先端部が内側に向いている場合

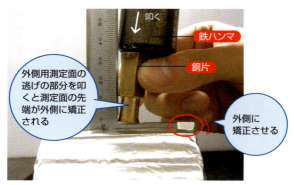

図2.66　外側用ジョウの根元（逃げの部分）を叩く

または、ショックレスハンマや木ハンマを使用してもかまいません。外側用ジョウの内側の根元部分を叩くと、外側用ジョウの先端はわずかに外側に向くので測定面は元どおりまっ直ぐになります。

　外側用測定面の先端を外側に矯正する場合、図2.67および図2.68に示すように、外側用測定面や外側用測定面の先端部を叩いてはいけません。測定面を叩くと測定面に傷がつきますし、外側用測定面の先端部を叩くと、外側用測定面の先端部のみが過度に外側に向いてしまい余計に矯正が困難になります。

　このように、外側用測定面の先端が外側や内側に微小に変形している場合には、ジョウを矯正することにより測定面をまっすぐ元通りにし隙間をなくします。スライダの外側用測定面を矯正する場合にも上記と同様な手順で行います。

なお、ジョウの矯正は本尺とスライダを完全に分解した状態で行います。ノギスが組み立てられた状態でジョウを矯正する作業は絶対に行ってはいけません。

図2.67　測定面は叩いてはいけない。逃げ部を叩く

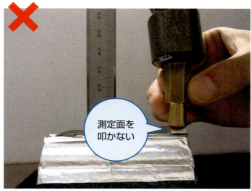

図2.68　ジョウの先端を叩いてはいけない！

(3) 内側用ジョウの矯正

　内側用ジョウは先端が鋭いため、長期間使用していると測定面の先端が凹んだり、不意に落とした場合には先端が曲がることがあります。

　図2.69に、本尺の内側用測定面の先端が右側に倒れている様子を示します。図に示すように、本尺とスライダの内側用測定面を揃えたとき、本尺の内側用測定面の先端が右側に倒れ、本尺とスライダの内側用測定面から確認できる隙間が一定でない場合（先端に近づくほど隙間が大きくなる場合）には、内側用ジョウを矯正することで、内側用測定面をまっ直ぐにし、隙間を一定にできます。

　図2.70に、本尺の内側用測定面の先端を内側に矯正する様子を示します。図2.69に示すように、本尺の内側用測定面の先端が右側に倒れている場合には、内側用ジョ

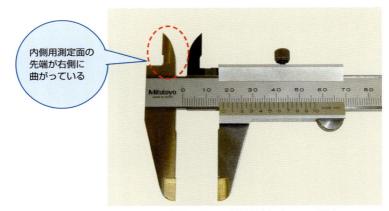

図2.69　本尺の内側用測定面の先端が右側に向いている場合

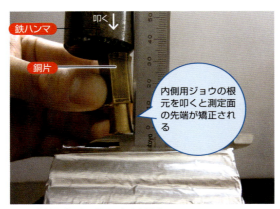

図2.70　内側用ジョウの根元の部分を叩く

ウの外側の根元を叩くことによって内側用測定面の先端を内側に矯正できます。

　はじめに、本尺をバイスで保持します。このとき、本尺が変形しないように、また傷つかないようにバイスの口金には銅板やアルミ板を被せます。次に、鉄ハンマで内側用ジョウの外側の根元部分を軽く叩きますが、鉄ハンマで直接叩くとジョウに打撃痕が残ってしまうので、打撃痕がつかないよう銅片を介するなど工夫します。または、ショックレスハンマや木ハンマを使用してもかまいません。内側用ジョウの外側の根元部分を叩くと、内側用測定面の先端はわずかに内側に向くので測定面は元どおりまっ直ぐになります。

　内側用測定面の先端を内側に矯正する場合、図2.71に示すように、内側用ジョウの外側の先端部を叩いてはいけません。内側用ジョウの外側の先端部を叩くと、内側用測定面の先端部のみが過度に内側に向いてしまい、余計に矯正が困難になります。

　図2.72に、本尺の内側用測定面の先端が左側に倒れている様子を示します。図に

図2.71　ジョウの先端部を叩いてはいけない！

矯正に関する注意点

本書で紹介する矯正方法は測定工具に対する知識を深めることを主意としており、個人による矯正を推奨するものではありません。測定工具はトレーサビリティが重要なので、測定器の信頼性が必要な場合には、測定器メーカなど校正保証証が発行される機関に矯正を依頼することを勧めます。

示すように、本尺とスライダの内側用測定面を接触させたとき、本尺の内側用測定面の先端部が左側に倒れ、本尺とスライダの内側用測定面から確認できる隙間が一定でない場合（先端に近づくほど隙間が小さくなる場合）には、内側用ジョウを矯正することで、内側用測定面をまっ直ぐにし、隙間を一定にできます。

図2.73に、本尺の内側用測定面の先端を外側に矯正する様子を示します。図2.72に示すように、本尺の測定面の先端が左側に倒れている場合には、内側用ジョウの内側の根元（逃げの部分）を叩くことによって内側用測定面の先端を外側に矯正できます。

はじめに、本尺をバイスで保持します。このとき、本尺が変形しないように、また傷つかないようにバイスの口金には銅板やアルミ板を被せます。次に、鉄ハンマで内側用ジョウの内側の根元部分を軽く叩きますが、鉄ハンマで直接叩くとジョウに打撃痕が残ってしまうので、打撃痕が付かないよう銅片を介するなど工夫します。あるいは、ショックレスハンマや木ハンマを使用してもかまいません。内側用ジョ

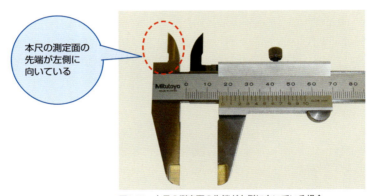

図2.72　本尺の測定面の先端が左側に向いている場合

> Column
>
> ## ノギスの外側ジョウの形状
>
> ノギスの外側ジョウの形状は先端になるほど細くなっています。これは小さな隙間も測定できるように工夫されているからです。外側ジョウの先端が細くなっていること（先端に向かって三角形になっていること）は矯正の観点からも好都合で、根元を叩くことにより先端の変形を矯正できます。

ウの内側の根元（逃げの部分）を叩くと、内側用ジョウの先端はわずかに外側に向くので測定面は元どおりまっ直ぐになります。

内側用測定面の先端を外側に矯正する場合、図2.74に示すように内側用測定面の先端部を叩いてはいけません。測定面を叩くと測定面に傷がつきますし、内側用測定面の先端部を叩くと、内側用測定面の先端部のみが過度に外側に向いてしまい余計に矯正が困難になります。

このように、内側用測定面の先端が微小に変形している場合には、ジョウを矯正することにより測定面をまっ直ぐ元どおりにし隙間を一定にできます。スライダの内側用測定面を矯正する場合にも上記と同様の手順で行います。

なお、ジョウの矯正は本尺とスライダを完全に分解した状態で行います。ノギスが組み立てられた状態でジョウを矯正する作業は絶対に行ってはいけません。

図2.73　内側用ジョウの根元の部分（逃げの部分）を叩く

図2.74　測定面は叩いてはいけない。逃げ部を叩く

ココがポイント！

ジョウの矯正は先端を叩き、局所的に矯正するのではなく、根元を軽く叩いて行います。金属には力を加えると連続的に変形し、力を除いても変形したままで元に戻らない性質があり、この性質を「塑性」といいます。矯正は塑性を利用します。

(4) 深さ用測定面(デプスバー)の矯正

図2.75に、デプスバーの深さ用測定面を矯正する様子を示します。デプスバーは長期間使用していると深さ用測定面が摩耗し、デプスバー自体が短くなることによって測定誤差が生じる場合があります。このような場合、本尺の端面とデプスバーの深さ用測定面を同時に微小な量だけ研削加工(機械加工)し、本尺の端面とデプスバーの深さ用測定面を同一平面にすることにより、測定精度は新品同様に蘇ります。研削加工を行う際にはデプスバーを本尺に完全に収納し、止めねじを締め、デプスバーが動かないように完全に拘束します。なお、研削加工を行うとデプスバーの「逃げ」(図2.34参照)の長さが短くなるので注意してください。

図2.76に、ノギスの本尺の深さ用測定面付近の裏側を拡大して示します。図から、上記のようにデプスバーの深さ用測定面を研削加工できるよう、少しだけ加工代が設けられているのがわかります。

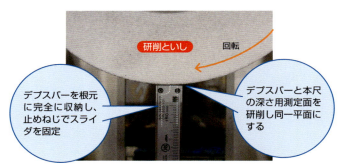

図2.75　デプスバーの深さ用測定面を矯正する様子

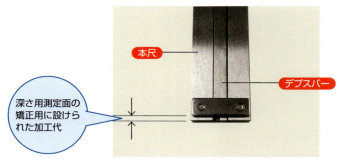

図2.76　深さ用測定面の矯正用に設けられた加工代

測定工具の取り扱い方と置き方
（絶対にやってはいけないこと）

　図2.77 および図2.78 に、ノギス（測定工具）を作業台へ放り投げたり、ノギスの上に作業工具を重ねたりする様子を示します。このような作業は測定工具を取り扱うものとしての素養（能力）が疑われるので絶対にやめてください。測定工具を大切に扱える人になりましょう。また、ノギスを長期に使用しない場合には、図2.79 に示すように、測定面を少しだけ（1mm程度）離し、止めねじを締めない状態で保管します。

　別著「目で見てわかる機械現場のべからず集－旋盤作業編、フライス盤作業編、研削盤作業編－」（日刊工業新聞社発行）では、測定工具の取り扱いをはじめ機械工作における「べからず」を集約していますのでぜひ参照してください。

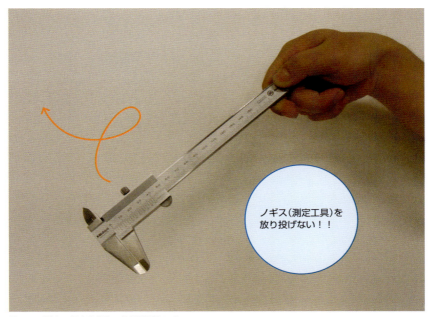

図2.77　測定工具を作業台へ放り投げない！

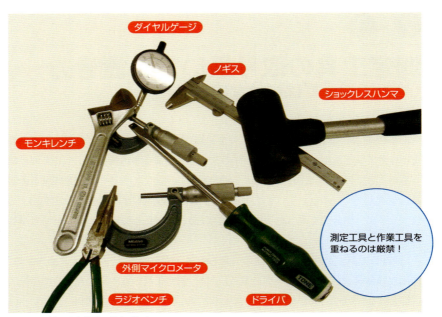

図2.78 測定工具と作業工具を重ねない！

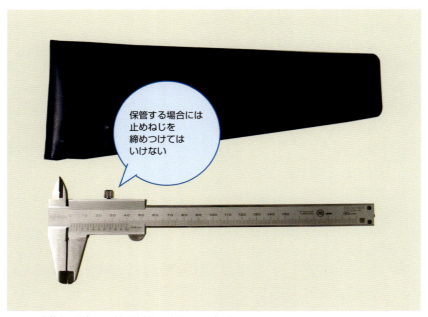

図2.79 保管する場合には測定面を離し、止めねじは締めない！

第 # 3 章

マイクロメータを使いこなそう！

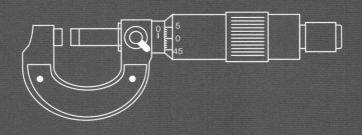

外側マイクロメータ

　図3.1に測定範囲の異なる外側マイクロメータを示します。図に示すように、外側マイクロメータは測定範囲が0～25mm、25mm～50mm、50mm～75mmというように25mmごとに分類されているため、測定物の大きさによって使い分けなければいけません。外側マイクロメータはJIS B 7502に規定されており、JISで規定している最大測定長は500mmです。最近では、測定値をデジタル表示するマイクロメータも多く見られるようになりました。

　図3.2に外側マイクロメータの各部の名称を示します。図に示すように、測定面をもつ部分の固定側（運動しない側）を「アンビル」、移動側（運動する側）を「スピンドル」といいます。そして、基準目盛が刻印されている部分を「スリーブ」といいます。さらに、スピンドルを出し入れするために回転操作する部分を「シンブル」、測定圧力を一定にする機能をもつ部分を「ラチェットストップ」といいます。

図3.1　測定範囲の異なる外側マイクロメータ

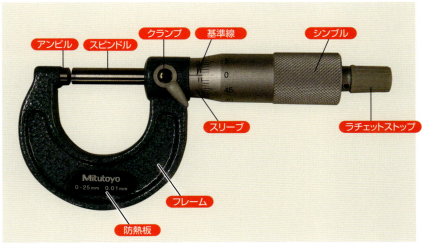

図3.2　外側マイクロメータの各部の名称

> **Column**
>
> ## 外側マイクロメータの起源
>
> 外側マイクロメータの起源はフランス・パリです。その後、アメリカのブラウン・アンド・シャープ社が実用化しました。外側マイクロメータはフランス生まれ、アメリカ育ちです。

> **参考　マイクロメータの不思議**
>
> マイクロメータは測定範囲が25mmごとに使い分けなければいけません。マイクロメータをよく見ると、測定範囲が大きくなってもスピンドル(スリーブ)の長さは変化せず、フレームだけが長くなっています。つまり、測定範囲がどれだけ大きくなってもスピンドルの長さは変化していません。気づきましたか？これはスピンドルに加工されているねじの加工精度に起因しています。25mmよりも長いねじを精密に加工することは難しく、ねじの長さ(運動範囲)が25mmを超えると、ねじの回転運動の精度(測定単位)が0.01mmを満足できなくなってしまうからです。したがって、マイクロメータは測定範囲が大きくなってもスピンドルは測定範囲が0〜25mmのものと同じものを使っているのです。

69

(1) マイクロメータの測定面

図3.3に、測定面を拡大して示します。図から、測定面の色が少し黒っぽくなっていることがわかります。一般に、マイクロメータの測定面には超硬合金が使用されています。超硬合金は文字通り「すごく硬い合金」で、測定面は鉄鋼材料などに何度接触しても摩耗しないように工夫されています。超硬合金は切削用工具にも使用されている材質です。

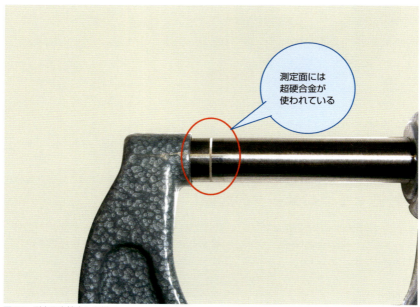

図3.3　測定面を拡大した様子

> **Column**
>
> ## 「測定器」と「測定機」の違いとは？
>
> 「測定器」と「測定機」の違いには諸説ありますが、一般には税務上の区別によるもので、器具および備品に分類されるものは「測定器」、機械および装置に分類されるものは「測定機」と呼び分けられています。両者は使用目的や購入金額などにより分類され、資産管理上使い分けられる用語です。生産現場で両者を使い分けることはほとんどありません。

(2)いろいろなマイクロメータ

図3.4に、各種マイクロメータを示します。図に示すように、マイクロメータは「外側マイクロメータ」、「内側マイクロメータ」、「デプスマイクロメータ」など測定箇所により専門のマイクロメータがあり「専門職」といえます。一方、ノギスは図2.2で示したように、「外側、内側、深さ、段差」を全部測定することができるため「総合職」といえます。

マイクロメータは測定箇所によって使い分ける必要があり少し面倒ですが、「専門職」なので0.01mmの単位まで精度よく測定することができます。

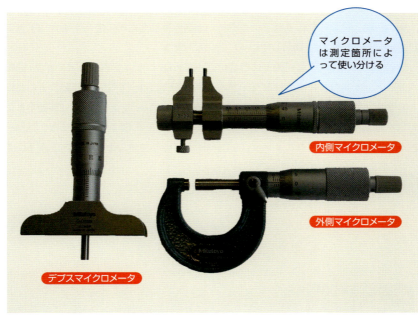

図3.4 測定箇所により使い分ける各種マイクロメータ

参考　マイクロメータは「専門職」、ノギスは「総合職」

マイクロメータは「外側マイクロメータ」、「内側マイクロメータ」、「デプスマイクロメータ」など測定箇所により専門のマイクロメータがあり「専門職」といえます。一方、ノギスは、「外側、内側、深さ、段差」を全部測定することができるため「総合職」といえます。

3-2
外側マイクロメータの測定原理

図3.5に、スリーブとシンブルの目盛を拡大して示します。図に示すように、スリーブの中央には直線が引かれており、この直線を「基準線」といいます。そして、基準線を中心として上下に目盛が刻印されており、上側の目盛は1mm単位に刻印されていることがわかります。また、下側の目盛も同様に1mm単位で刻印されていますが、上側の目盛と交互に刻印されているので、上側の目盛を基準に考えた場合、下側の目盛は1目盛0.5mmを表示していることになります。

次に、「シンブル」には円周上に目盛が50個刻印されています。シンブルを1回転させると、シンブルの端面はスリーブの上側と下側の目盛を交互に移動することになります。言い換えると、シンブルは1回転ごとにスリーブ上を0.5mm移動することになります。すなわち、シンブルの1目盛は0.5mm÷50目盛ですから0.01mmとなるため、外側マイクロメータは0.01mmの単位まで読み取れる測定工具といえ

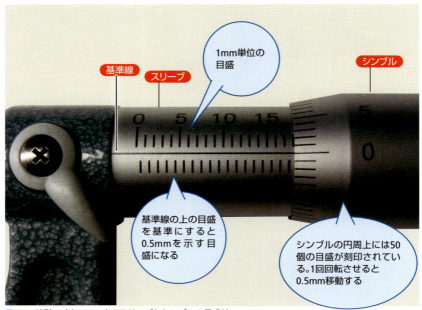

図3.5 外側マイクロメータのスリーブとシンブルの目盛り

ます。

　図3.6に、フレームからスピンドルを抜き取った様子を示します。図からスピンドルとシンブルは見かけ上、1つの部品として構成されていることがわかります。つまり、シンブルを1回転すると同期してスピンドルも1回転し、0.5mm移動することになります。さらに図より、スピンドルには「ねじ」が加工されていることがわかります。上記のとおり、シンブルを1回転させることによりスピンドルは0.5mm移動するので、スピンドルに加工されている「ねじ」のリードは0.5mmということになります。要約すると、外側マイクロメータは「ねじ」を締めたり、緩めたりしているのと同じ機構で、「ねじ」の軸方向と円周方向に目盛を付けたものが外側マイクロメータということもできます。

　ここでは外側マイクロメータを例に説明しましたが、後述する内側マイクロメータや他のマイクロメータも外側マイクロメータと同様に「ねじ」を内蔵しており、同じ構造をしています。マイクロメータの測定精度の低下の原因の1つは内蔵されている「ねじ」の摩耗や錆です。したがって、マイクロメータは落としたり、湿度の多いところに保管してはいけません。

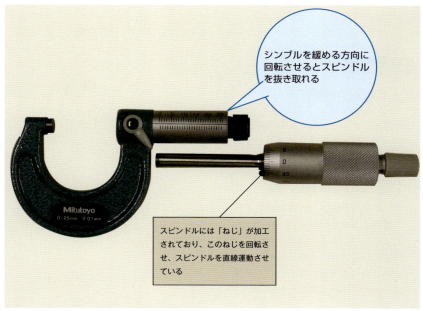

図3.6　フレームからスピンドルを抜き取った様子

参考 マイクロメータのシンブルはアナログ時計と同じ？！

マイクロメータのシンブルの円周上には目盛が刻印されており、1目盛0.01mm、1回転で0.5mmです。アナログ時計は1目盛1秒、1回転で60秒（1分）です。マイクロメータのシンブルとアナログ時計は同じ原理といえます。

マイクロメータのシンブルとアナログ時計の目盛は同じ原理

Column

人の目の限界

①接近した2つの点を人の目が2点として識別する能力（近接した2点を識別する能力）は、目と点の距離が250mmにおいて、約0.06mmで、それ以下だと1つの点と認識してしまいます。②また、2つの直線のずれを認識する能力は約0.01〜0.02mmといわれています。このように、人の目には限界があるため、それ以上の小さな差を見たい場合には、拡大鏡（ルーペ）や顕微鏡などを使います。

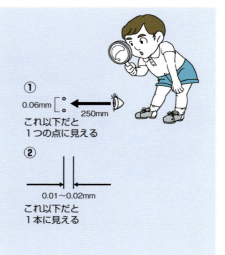

3-3 外側マイクロメータの測定値の読み方

図3.7に、外側マイクロメータを使用した測定値の例を示します。図からシンブルの端面によってスリーブの目盛の12.5mmまで確認することができます。次に、スリーブの基準線とシンブルの目盛が「22」で一致していることがわかります。シンブルの1目盛は前述したように、0.01mmですから22目盛は0.22mmを意味します。つまり12.5mm＋0.22mmで、図の測定値は12.72mmと読むことができます。

このように外側マイクロメータでは、はじめにシンブルの端面によってスリーブの目盛を確認し、次に、シンブルの目盛を確認します。そして、両者を足し合わせると測定値となります。ちなみに、図3.8に示すように、紙の厚さはちょうど0.1mmと測定することができます。

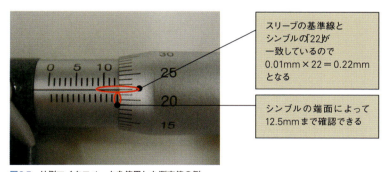

スリーブの基準線とシンブルの「22」が一致しているので
0.01mm×22＝0.22mm
となる

シンブルの端面によって12.5mmまで確認できる

図3.7 外側マイクロメータを使用した測定値の例

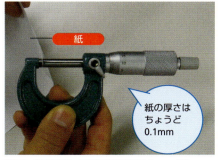

紙

紙の厚さはちょうど0.1mm

図3.8 紙を測定した様子（紙の厚さ0.1mm：例）

(1) 測定値の落とし穴（よくある読み間違いの例）

図3.9に、測定値が12.70mmのときのスリーブとシンブルの目盛の状態を示します。図に示すように目盛を真上から見ると、シンブルの端面によってスリーブの目盛の12.5mmまでを確認することができ、次いでスリーブの基準線とシンブルの目盛が20で一致していることから、測定値は12.70mmと読むことができます。

一方、図3.10に示すように、目盛をシンブル側から見るとスリーブの下側の線がシンブルで隠れてしまい、測定値を12.20mmと読むことができます。このように、外側マイクロメータでは目盛を見る角度によって測定値を0.5mm読み間違えることが多いのです。外側マイクロメータにかかわらず測定工具の目盛を読むときは必ず真上から読むことが大切です。

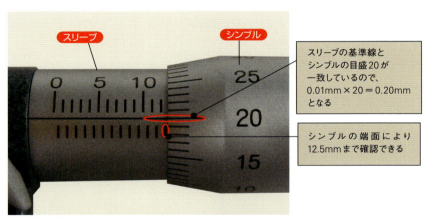

図3.9 外側マイクロメータによる測定値の読み間違い（目盛を真上から読んだとき）

図3.10 外側マイクロメータによる測定値の読み間違い（目盛をシンブル側から読んだとき）

（2） 外側マイクロメータの測定値の読み方のコツ！

図3.11に、測定値が12.20mmと12.70mmのときのスリーブとシンブルの目盛の状態をそれぞれ示します。図から、測定値が12.20mmではシンブルの端面によってスリーブの「上側」の目盛を確認することができます。

一方、測定値が12.70mmではシンブルの端面によってスリーブの「下側」の目盛を確認することができます。すなわち、外側マイクロメータの測定値を正しく読むコツはシンブルの端面によって、スリーブの目盛の「上側」か「下側」どちらまで読めることができるかをしっかり確認することです。シンブルの端面によってスリーブの目盛の「下側」を確認したときはスリーブの上側の目盛に＋0.5mmした値が測定値になります。

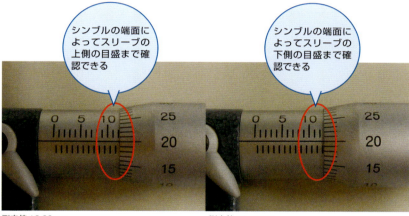

測定値 12.20mm　　　　　　　　測定値 12.70mm
図3.11 測定値を正しく読むコツ！

> **ココがポイント！**
>
> シンブルの端面によってスリーブの目盛の「上側」か「下側」どちらまで読めることができるかを確認することが大切です。このことを確認することで、確認値の読み違いを減らすことができます。マイクロメータは測定値を0.5mm読み間違えることが多いので注意が必要です！

（3）シンブルの目盛に隠されたヒミツ（0.001㎜単位を測定できる？！）

　外側マイクロメータは0.01mmまで正確に測定することができる測定工具ですが、シンブルに刻印されている線の太さを利用すれば0.001mmの単位まで測定することが可能です。

　図3.12に、外側マイクロメータのスリーブの基準線とシンブルに刻印されている目盛を拡大して示します。図に示すように、シンブルの目盛の間隔と太さには規則性があり、目盛の間隔はちょうど4目盛分に相当します。すなわち、シンブルの目盛5本で0.01mmになるように刻印されています。言い換えれば、シンブルの目盛1本は0.01mmを5等分した0.002mmとなります。

　この規則性を利用すると、図3.13に示すように、スリーブの基準線とシンブルの

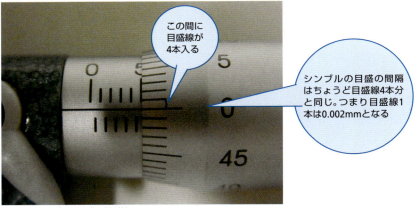

図3.12　シンブルの目盛の規則性

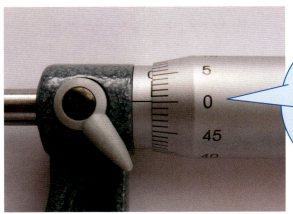

図3.13　スリーブの基準線とシンブルの目盛が半分だけ重なる場合

目盛が半分だけ重なるような場合には、0.001mmと読むことができます。そして、図3.14のように、スリーブの基準線とシンブルの目盛がちょうど1目盛ずれる場合には、0.002mmと読むことができます。さらに、図3.15に示すように、スリーブの基準線とシンブルの目盛が1目盛と半分だけずれる場合には0.003mmと読むことができます。

このように、シンブルに刻印されている目盛の間隔と太さの規則を利用すれば、スリーブの基準線とシンブルの目盛の位置を確認することにより、0.001mmまで測定ができることになります。マイクロメータを使用する場合には、シンブルの目盛の規則性を十分理解し、0.001mmの単位まで測定できるようになりましょう。

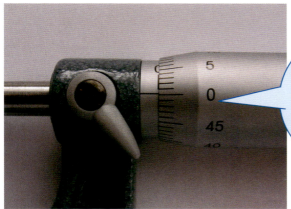

図3.14 スリーブの基準線とシンブルの目盛がちょうど1目盛ずれる場合

図3.15 スリーブの基準線とシンブルの目盛が1目盛と半分だけずれる場合

外側マイクロメータの点検方法
（目盛を校正する2つの方法をしっかりマスターする）

　外側マイクロメータにかかわらず測定工具を使用する場合には、使用する前に必ず点検を行わなくてはいけません。測定方法が正しくても、測定工具自体が乱れていれば正確な測定値を読み取ることはできません。
　以下では外側マイクロメータの点検方法について解説します。

> **参考　マイクロは0.001mmの意味?!**
>
> マイクロは0.001mmを意味します。しかし、マイクロメータは0.01mm単位までしか目盛がありません。「マイクロメータ」という名前は嘘だ！と思った人はいませんか？前頁のとおり、マイクロメータは目盛線を使えばしっかり0.001mmの単位まで測定できるのです。

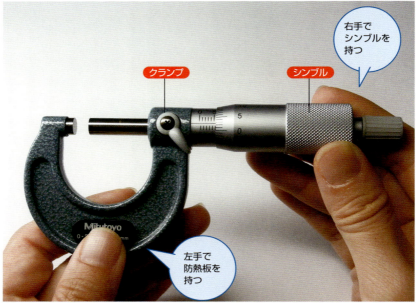

図3.16　外側マイクロメータの正しい持ち方

【手順1】外側マイクロメータの正しい持ち方

図3.16に、外側マイクロメータの正しい持ち方を示します。図に示すように、外側マイクロメータのフレームを左手の親指と人差し指で持ちます。このとき、フレームを直接持つのではなく、プラスチック製の防熱板を持ちます。フレームを直接持つと体温がフレームに伝わり、フレームが熱膨張するため正しい測定ができません。そして、右手の親指と人差し指でシンブルを回転操作し、測定面で測定物を挟みます。なお、外側マイクロメータのフレームにはスピンドルを固定するための「クランプ」が付いているので、シンブルを回転操作する場合にはクランプは緩めておきます。

参考 マイクロメータスタンド

外側マイクロメータの点検を行う場合には、図3.17に示すようなマイクロメータスタンドを使用するとよいでしょう。マイクロメータスタンドを使用することにより両手が自由に使えるので安定した測定を行うことができます。

図3.17 マイクロメータスタンドを使用した様子

【手順2】測定面をきれいにする

　図3.18に測定面の清掃の様子を示します。測定面に塵やごみが付着していては正確な測定ができません。したがって、測定前には必ず測定面をきれいにします。図に示すように、きれいなウエス（布）で拭いてもよいし、測定長0～25mmの外側マイクロメータの場合には、図3.19に示すように、きれいな紙を測定面で挟み、紙を

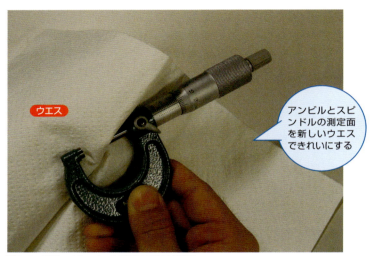

図3.18　外側マイクロメータ測定面の清掃の様子

図3.19　紙を使った測定面の清掃の様子

挟んだ状態で紙を抜き取ると測定面はきれいになります。

なお、図3.20に示すように、測定面を指で拭く行為は絶対に行ってはいけません。作業中の手には、油や小さな埃や塵が付着しているので測定面が余計に汚れてしまいます。また、図3.21のように防錆剤を直接吹きかけることも絶対に行ってはいけません。

図3.20　測定面を指で拭く行為（ダメな例）

図3.21　防錆剤を直接吹きかけてはいけない（ダメな例）

【手順3】 測定面を合わせたとき、シンブルの目盛線0（ゼロ）とスリーブの基準線が一致し、かつ、シンブルの端面とスリーブの目盛線0（ゼロ）が一致することを確認します

　図3.22に、測定範囲が0〜25mmの外側マイクロメータの測定面を合わせた様子を示します。図に示すように、アンビルとスピンドルの両測定面を合わせたとき、「スリーブの基準線とシンブルの目盛線0（ゼロ）が一致し」、かつ「スリーブの目盛線0（ゼロ）とシンブルの端面が一致すること」を確認します。測定面を合わせるときは、ラチェットストップを2〜3回回転させ、測定力を一定にします。ラチェットストップの機能と構造に関しては図3.59（109頁）で解説しているので参照してください。

　ここで、上記に示した2つの確認事項が問題なく確認できれば【手順8】に進みます。一方、2つの確認事項のいずれかでも問題があれば、校正が必要になるので、【手順4】でスリーブの目盛の調整を行います。なお、測定範囲が25mm以上の外側マイクロメータの場合には、図3.23に示すように、購入時に同封されている基準片を用いるか、最小測定値のブロックゲージを用いてシンブルの目盛線0（ゼロ）とスリーブの基準線が一致することを確認します。

図3.22　測定範囲0〜25mmの外側マイクロメータの測定面を合わせた様子

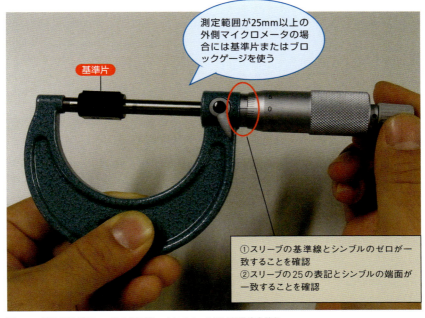

図3.23 測定範囲が25mm以上の外側マイクロメータでは基準片を使う

> **ココが ポイント！**
> ①測定面を合わせたとき、スリーブの基準線とシンブルの目盛線0（ゼロ）が一致すること。
> ②測定面を合わせたとき、スリーブの目盛線0（ゼロ）とシンブルの端面が一致すること。
> ③測定面を合わせるときはラチェットストップを2～3回回転させ、測定力を一定にする。

参考　測定工具の清掃

測定工具を清掃する場合には、メーカ推奨の潤滑油・防錆油を使用することを勧めます。清掃の際、粘度の低いスピンドル油などを使用してもかまいませんが、市販されている一部の潤滑油・防錆油は一時的な潤滑・防錆効果はあるものの、長期間保持するとごみや塵と混ざり固まる場合があります。

【手順4】シンブルの目盛が微小に(1目盛程度)ずれている場合の矯正方法

　図3.24に、アンビルとスピンドルの両測定面を接触させたとき、シンブルの目盛線0(ゼロ)がスリーブの基準線に対して1目盛程度(0.01mm程度)下側にずれている様子を示します。図に示すように、シンブルの目盛線0(ゼロ)がスリーブの基準線と一致せず、微小に(シンブルの目盛で1目盛程度：0.01mm程度)ずれている場合には、マイクロメータを購入した時にケースに同封されている「カギスパナ(図3.25

図3.24　スリーブの基準線とシンブルの目盛線0(ゼロ)がずれている様子

図3.25　ケースに同封されている「カギスパナ」

86

参照)」を使用してシンブルの目盛線0(ゼロ)とスリーブの基準線を一致させる作業(ゼロ点の調整作業)を行います。

　はじめに、アンビルとスピンドルの両測定面を接触させた状態で、図3.26に示すように、クランプを左側に倒し、スピンドルを固定します。次に、図3.27に示すように、外側マイクロメータのスリーブの裏側には小さな穴があるので、この穴に「カギスパナ」を引っ掛けます。そして、カギスパナを使ってスリーブを強制的に回転させ、

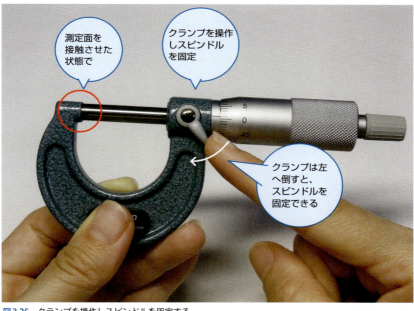

図3.26　クランプを操作しスピンドルを固定する

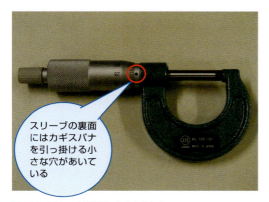

図3.27　スリーブの裏側にある小さな穴

スリーブの基準線をシンブルの目盛線0（ゼロ）に合わせます（図3.28）。これでゼロ点の調整作業は完了です。

図3.29に、アンビルとスピンドルの両測定面を接触させたとき、シンブルの目盛線0（ゼロ）がスリーブの基準線に対して1目盛程度（0.01mm程度）上側にずれている様子を示します。図に示すように、シンブルの目盛線0（ゼロ）がスリーブの基準線と一致せず、スリーブの基準線に対してシンブルの目盛が上側にずれている場合

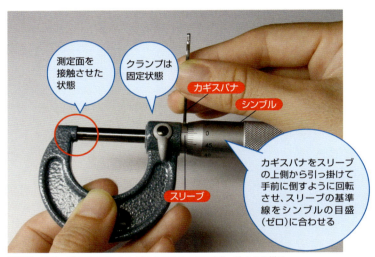

図3.28　スリーブの基準線とシンブルの目盛線0（ゼロ）を一致させる様子

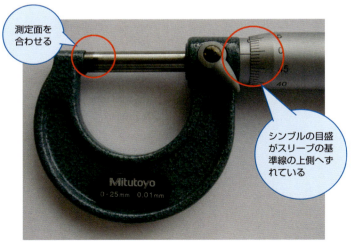

図3.29　スリーブの基準線に対してシンブルの目盛りが上側にずれている場合

には、図3.30に示すように、カギスパナをスリーブの下側から掛け、スリーブを上側に回転させ、スリーブの基準線をシンブルの目盛線0(ゼロ)に合わせます。これでゼロ点の調整作業は完了です。

図3.31に、ゼロ点を確認する様子を示します。図に示すように、アンビルとスピンドルの両測定面を接触させた後、ラチェットストップで測定力を一定にし、シンブルの目盛線0(ゼロ)がスリーブの基準線と一致すればOKです。

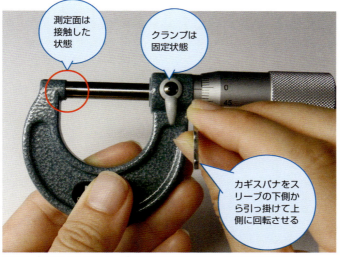

図3.30 「カギスパナ」をスリーブの下側から掛けてスリーブを上側に回転させる

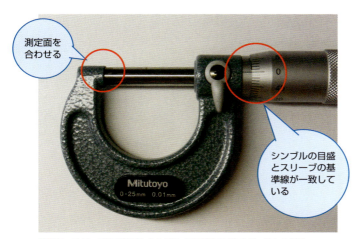

図3.31 スリーブの基準線とシンブルの目盛線0(ゼロ)が一致した様子

いずれの方法もスリーブの基準線をシンブルの目盛線0(ゼロ)に強制的に合わせるという作業になります。カギスパナを力強く回転させてしまうと、勢い余ってスリーブの基準線がシンブルの目盛線0(ゼロ)を通り過ぎるので注意してください。

> Column

シンブルの目盛のずれを校正するもっとも正しい方法

図3.32に、マイクロメータスタンドを使用した目盛の校正方法を示します。マイクロメータスタンドが身近にある場合には、図に示すように、マイクロメータをスタンドに取り付けた後、ショックレスハンマ（木ハンマなど打撃痕が残らないもの）を使ってカギスパナを優しく叩いて目盛を校正するのが最も正しい方法です。

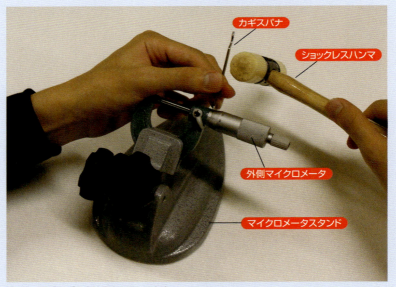

図3.32　目盛のずれを校正する正しい方法

マイクロメータの目盛の校正はスリーブの基準線を強制的にシンブルの目盛0（ゼロ）に合わせるという作業になります。

【手順5】シンブルの目盛が大きく(2目盛以上)ずれている場合の矯正方法
(ラチェットストップの場合)

　図3.33に、アンビルとスピンドルの両測定面を接触させたとき、シンブルの目盛線0(ゼロ)がスリーブの基準線に対して2目盛程度(0.02mm程度)下側にずれている様子を示します。図に示すように、シンブルの目盛線0(ゼロ)がスリーブの基準線と一致せず、大きく(シンブルの目盛で2目盛程度：0.02mm程度)ずれている場合には、マイクロメータを分解することによって、シンブルの目盛線0(ゼロ)とスリーブの基準線を一致させます(ゼロ点の調整作業を行います)。

　次頁の図3.34に、カギスパナを使用してラチェットストップを取り外す様子を示します。図に示すように、カギスパナをラチェットストップの側面にある小さな穴に引っ掛け、回転させるとスリーブとラチェットストップを分解することができます。

　図3.35に、スリーブとシンブルを分解する様子を示します。図に示すように、スピンドルを広げる方向にシンブルを回転させると、スリーブからシンブル(スピンドル)を取り外すことができます。

　図3.36に、ショックレスハンマを使用してシンブルからスピンドルを取り外す様

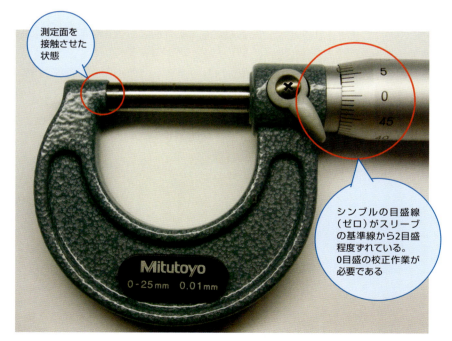

図3.33　スリーブの基準線とシンブルの目盛線0(ゼロ)が大きく(2目盛程度)ずれている様子

子を示します。図に示すように、ショックレスハンマ（樹脂ハンマ、木ハンマなど）でシンブルの端面を軽く叩くと、スピンドルとシンブルを分解できます。

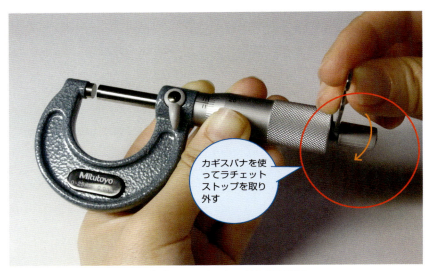

図3.34　カギスパナを使ってスリーブからラチェットストップを取り外す様子

図3.35　フレームからスピンドルを抜き取る様子

図3.37に、取り外したスピンドルとシンブルを示します。図に示すように、スピンドルとシンブルはテーパ面で接触しているだけなので、小さな衝撃を与えるだけで両者は簡単に取り外せます。

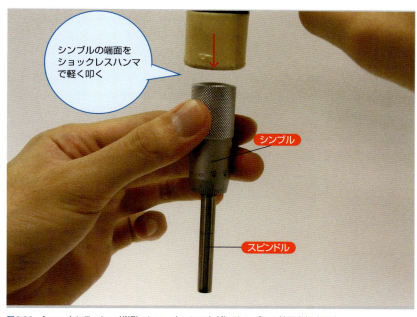

図3.36　ショックレスハンマ（樹脂ハンマ、木ハンマなど）でシンブルの端面を軽く叩く

図3.37　取り外したスピンドルとシンブル

93

ここからが目盛の校正作業（ゼロ点の調整作業）になります。

図3.38に、スピンドルをスリーブに取り付ける様子を示します。潤滑油・防錆油を染み込ませたきれいなウエスでスピンドルを拭いた後、図に示すようにウエスを介した状態でスピンドルを握り、ねじを回すようにしてスピンドルをスリーブに取り付けます。なお、スピンドルを直接手で扱うと手の汗や油などが付着し、スピンドルが錆びてしまいます。したがって、スピンドルは直接手で扱ってはいけません。必ずきれいなウエスを介して取り扱います。

図3.39に、アンビルとスピンドルの両測定面を接触させる様子を示します。図に示すように、アンビルとスピンドルの両測定面を小さな力でゆっくり、ぴったりと接触させます。

図3.40に、クランプを操作する様子を示します。図に示すように、アンビルとスピンドルの両測定面が接触した状態で、クランプを操作しスピンドルを軽く固定します。

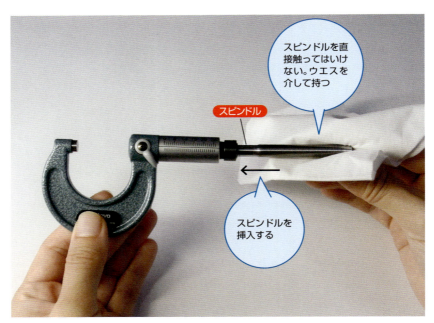

図3.38　スピンドルをスリーブに取り付ける様子

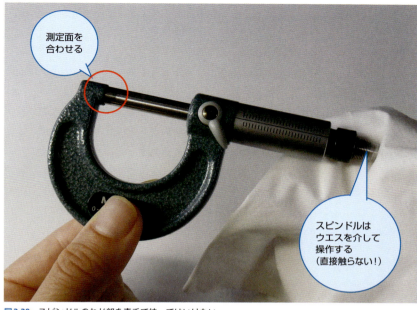

図3.39 スピンドルのねじ部を素手で持ってはいけない

図3.40 測定面を接触させて軽くクランプする様子

95

図3.41に、シンブルをスリーブにはめ込む様子を示します。図に示すように、シンブルをスリーブにはめ込みます。

図3.42に、スリーブの基準線とシンブルの目盛線0（ゼロ）を合わせる様子を示します。シンブルをスリーブにはめ込んだら、図に示すようにスリーブの基準線とシンブルの目盛線0（ゼロ）を合わせます。

図3.43に、カギスパナを使用してラチェットストップをシンブルに取り付ける様子を示します。図に示すように、スリーブの基準線とシンブルの目盛線0（ゼロ）を一致した状態を維持しつつ、カギスパナを使ってラチェットストップをシンブルに取り付けます。

以上の作業により、スリーブの基準線とシンブルの目盛線0（ゼロ）が大きく（2目盛程度）ずれている場合でも、スリーブの基準線とシンブルの目盛線0（ゼロ）を一致させることができます。

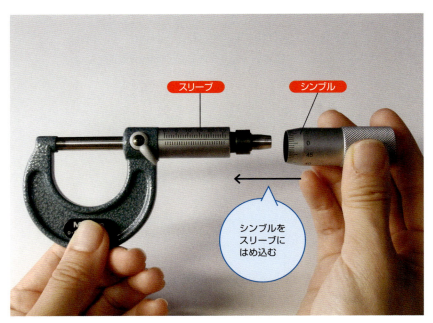

図3.41 シンブルをスリーブにはめ込む様子

図3.42　スリーブの基準線とシンブルの目盛0（ゼロ）を合わせる様子

図3.43　カギスパナを使ってラチェットストップをスリーブに取り付ける様子

【手順6】シンブルの目盛が大きく（2目盛以上）ずれている場合の矯正方法
（フリクションストップの場合）

　図3.44に、スリーブからスピンドルを抜き取る様子を示します。図に示すように、フリクションストップをスピンドルが広がる方向に回転させると、スリーブからスピンドルを抜き取ることができます。

　図3.45に、シンブルとフリクションストップのカバーを分解する様子を示します。フリクションストップ仕様の外側マイクロメータの場合、図に示すように、左手でシンブルを持ち、右手でフリクションストップを持ち、左手を固定した状態で、右手を図中上から下に回転させると、シンブルとフリクションストップのカバーを分

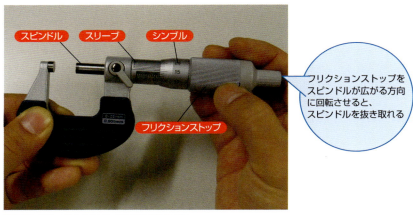

図3.44　スリーブからスピンドルを抜き取る様子

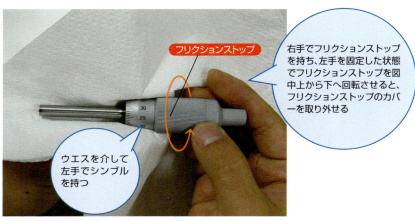

図3.45　シンブルとフリクションストップのカバーを分解する様子

解することができます。

図3.46に、シンブルとスピンドルを分解する様子を示します。図に示すように、ショックレスハンマ（樹脂ハンマ、木ハンマなど）でシンブルの端面を軽く叩くと、シンブルとスピンドルを分解することができます。

このあと、シンブルの目盛線0（ゼロ）とスリーブの基準線を一致させる手順は前述したラチェットストップの場合と同じです。

図3.47に、フリクションストップのカバーを分解する様子を示します。図に示すように、左手を固定した状態で、右手を曲げるように引っ張るとシンブルとフリクションストップのカバーを分解することができます。シンブルとフリクションストッ

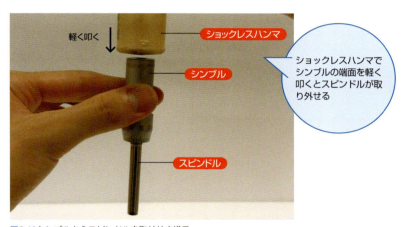

図3.46 シンブルからスピンドルを取り外す様子

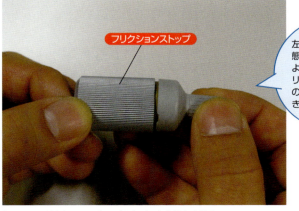

図3.47 フリクションストップのカバーを分解する様子

プは切欠きで結合されているので曲げるように引っ張ると分解できます。

図3.48に、フリクションストップを分解した様子を示します。図に示すように、フリクションストップを分解すると、圧縮コイルばねを含む複数の部品を確認することができます。圧縮コイルばねに関しては図3.59（109頁）で示すラチェットストップで詳細に解説します。

図3.49に、フリクションストップ仕様の外側マイクロメータを分解した様子を示します。図に示すように、フリクションストップ仕様の外側マイクロメータは大別して7つの部品から構成されていることがわかります。

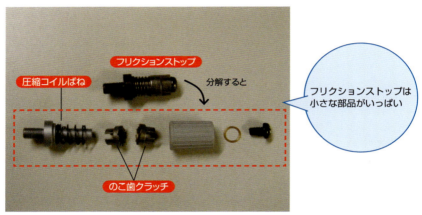

図3.48　圧縮ばねを含む複数の部品

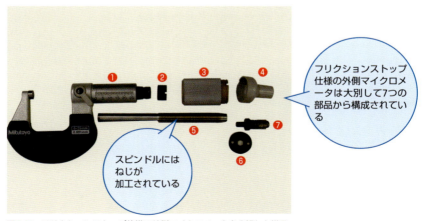

図3.49　フリクションストップ仕様の外側マイクロメータを分解した様子

【手順7】目盛を校正後、もう一度ゼロ点の確認を行います

　図3.50に、測定範囲が0〜25mmの外側マイクロメータの測定面を合わせた様子を示します。図に示すように、アンビルとスピンドルの測定面を合わせたとき、「スリーブの基準線とシンブルの目盛線0（ゼロ）が一致し」、かつ、「スリーブの目盛線0（ゼロ）とシンブルの端面が一致すること」を確認します。測定面を合わせた後は、ラチェットストップを2〜3回回転させ測定力を一定にします。上記の2つの確認事項のいずれも確認できれば矯正は完了です。25mm以上の外側マイクロメータの場合には、図3.23に示すような購入したときに同封されている基準片を用いるか、ブロックゲージを用いてシンブルの目盛線0（ゼロ）とスリーブの基準線が一致するか確認します。

図3.50　外側マイクロメータの測定面を合わせた様子（目盛矯正後）

フリクションストップ仕様のマイクロメータの分解はラチェットストップ仕様のマイクロメータに比べて難しいです。分解・校正される場合には、手順にしたがって注意しながら行ってください。

101

【手順8】ピッチ誤差を確認します

　図3.51に、ブロックゲージを使用してピッチ誤差を確認する様子を示します。図に示すように、いくつかのブロックゲージを測定することによりピッチ誤差を確認することができます。たとえば、10mm、11mm、12mmのブロックゲージを測定し、スリーブの基準線に対しシンブルの目盛が少しずつずれるようであれば、ピッチ誤差が生じていることになります。ピッチ誤差はスピンドルに加工されている「ねじ」の経年劣化など精度不良が原因です。ピッチ誤差がある場合には、スピンドル本体の交換が必要です。スピンドルはメーカから取り寄せることができるので、スピンドルを取り寄せた後、【手順5】と同じ作業でスピンドルを交換してください。

　スピンドル交換後、点検が完了し問題がなければ通常どおり使用できます。

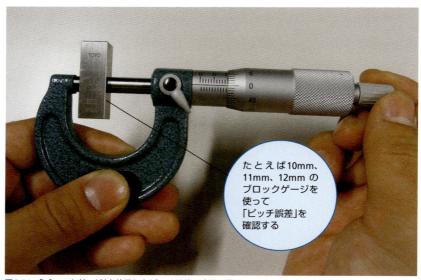

図3.51　「ブロックゲージ」を使用したピッチ誤差の確認の様子

マイクロメータで軟らかいものを測定する際、測定面が小さいので測定力によって測定物が凹んでしまい正確な測定値を読むことが困難な場合があります。このようなときには測定面の両面に薄いブロックゲージを介すると、測定力が分散され、測定物の凹みが解消されます。測定値からブロックゲージの厚さを引けば測定物の寸法を把握することができます。

参考　ブロックゲージ

ブロックゲージは長さの基準として用いられる長方形の基準片です（図3.52参照）。

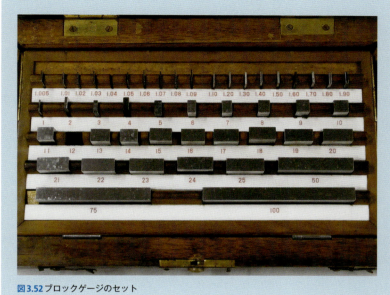

図3.52 ブロックゲージのセット

ココがポイント！

ねじ（スピンドル）の運動誤差には下記のようなものがあります。
・単一ピッチ誤差：1ピッチに対するピッチの誤差
・累積ピッチ誤差：2ピッチ以上離れたピッチの合計のピッチ誤差
・漸進ピッチ誤差：単一ピッチ誤差が正または負になるピッチ誤差
・周期ピッチ誤差：単一ピッチ誤差が周期的に増減するピッチ誤差

外側マイクロメータの正しい使い方

　図3.53に、外側マイクロメータを使用した正しい測定の様子を示します。図に示すように、左手でフレームの防熱板を握り、右手でシンブルを握ります。シンブルを回転させて、測定面が測定物と平行、垂直に当たるように調整しながら接触させます。万一、測定面が測定物と傾いて接触した場合や接触した瞬間に違和感を覚えた場合には、一度シンブルを緩め、測定面を測定物から離した後、再度、測定面を測定物に接触させます。

　図3.54に、ラチェットストップを使用した測定の様子を示します。図に示すように、測定面が測定物に接触したら、図に示すように右手をラチェットストップに持ち替えて、ラチェットストップを2～3回回転させ測定力を適切に保持します。

　図3.55に、外側マイクロメータの目盛を真上から見た様子を示します。図に示すように、ラチェットストップが作用して測定力が適切に作用している状態で目盛を真上から確認します。外側マイクロメータはアッベの原理に従う測定工具なので、測定力が適切であれば測定誤差はほとんど生じることなく精度の高い測定ができます。アッベの原理は5-1項で解説しているので参照してください。

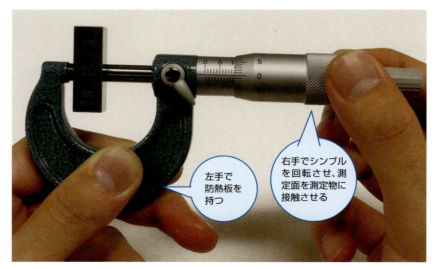

図3.53　外側マイクロメータを使用した正しい測定の様子

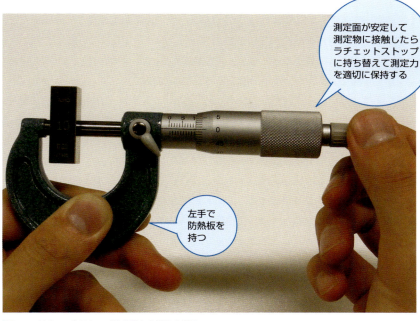

図3.54　ラチェットストップを使用した測定の様子

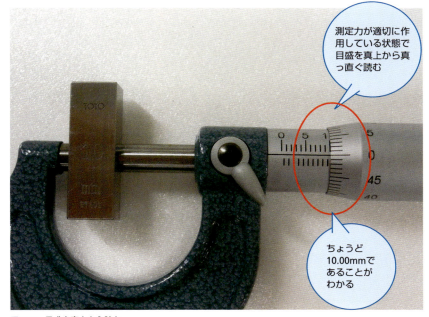

図3.55　目盛を真上から読む

105

(1) 測定範囲が0～25mmの外側マイクロメータの片手測定の例

図3.56 に、測定範囲が0～25mmで、ラチェットストップ仕様の外側マイクロメータを片手で使用する様子を示します。測定範囲が0～25mmの外側マイクロメータは比較的小型であるため、片手で測定することも可能です。

図に示すように左手は測定物を掴みます。右手はフレームを包み込むように握り、薬指と小指でフレームを保持します。そして、親指と人差し指でシンブルを掴み回転させます。シンブルを回転させながら測定面を測定物に接触させ、適当な測定力を保持しながら目盛を読みます。

ここで気づいた方もいると思いますが、ラチェットストップ仕様の外側マイクロメータを片手で使用する場合には、よほど親指と人差し指が長い人ではない限りラチェットストップに親指と人差し指が届かないため、ラチェットストップを使用して適切な測定力を保持することはできません。言い換えればシンブルで適切な測定力を保持しなければいけません。つまり、ラチェットストップ仕様の外側マイクロメータを片手で使用するには高い測定能力（スキル）が必要ということになります。また、外側マイクロメータを片手で使用する場合には右手でフレームを覆うためフレーム

図3.56　ラチェットストップ仕様の外側マイクロメータを使用した片手測定の様子
　　　　（測定範囲が0～25mmの外側マイクロメータ）

に体温が伝わりやすいので長時間の測定には不向きです。

　図3.57に、測定範囲が0〜25mmで、フリクションストップ仕様の外側マイクロメータを片手で使用する様子を示します。図に示すように、フリクションストップ仕様の外側マイクロメータの場合には、フリクションストップに容易に指が届くのでフリクションストップ仕様の外側マイクロメータは片手測定に向いていることがわかります。また、本図に示す外側マイクロメータはフレーム全体が防熱板に覆われているので、手の平の体温がフレームに伝わりにくいように工夫されており、なお片手測定に向いているといえます。

> **ココがポイント！**
> ①ラチェットストップ仕様のマイクロメータではラチェットストップに指が届かないため、シンブルで測定力を安定させなければならない。
> ②フリクションストップ仕様のマイクロメータではフリクションストップに容易に指が届くため片手測定に向いている。
> ③片手測定はフレームに体温が伝わりやすいので長時間の測定には不向きである。

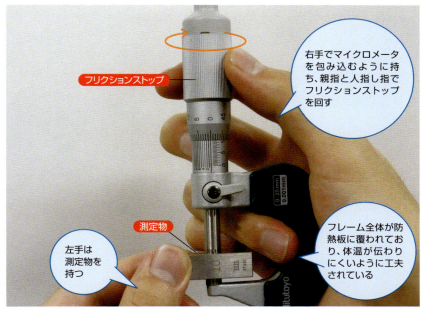

図3.57　フリクションストップ仕様の外側マイクロメータを使用した片手測定の様子
　　　　（測定範囲が0〜25mmの外側マイクロメータ）

(2) マイクロメータだけの特別な機能（測定力を適切に保持する機能）

　図3.58に、「ラチェットストップ」および「フリクションストップ」仕様の外側マイクロメータを比較して示します。「ラチェットストップ」および「フリクションストップ」は測定力を適切に保持する機能で、測定者の技能（スキル）に依存することなく、測定力を一定にすることができます。「ラチェットストップ」および「フリクションストップ」はマイクロメータだけがもつ特別な機能で、ノギスやその他の測定工具には付いていません。

　図3.59に、ラチェットストップを分解した様子を示します。図に示すように、ラチェットストップの中には、小さなばね（圧縮コイルばね）が内蔵されており、ばねの圧縮力を利用して適切な測定力を保持します。具体的にはスピンドルが測定物に接触した後、ラチェットストップを回転させると適切な測定力に達した瞬間にラチェットストップが空回転し、それ以上、スピンドルが測定物を押さえつけなくなります。空転するのは「のこ歯形のクラッチ」が作用するためです。なお、図3.48に示したように、フリクションストップの構造もラチェットストップとまったく同じです。

　マイクロメータやノギスを使って測定を行う場合、測定力（測定面が測定物を押さえ付ける力）は強すぎても、弱すぎてもいけません。測定力は「真の値」を測定す

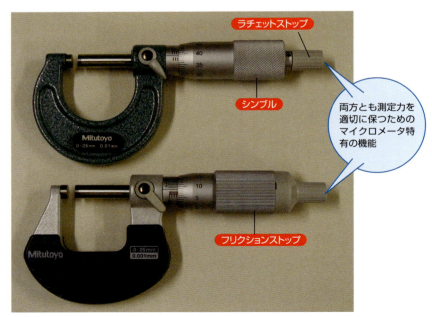

図3.58　「ラチェットストップ」と「フリクションストップ」をもつ外側マイクロメータ

108

図3.59　ラチェットストップを分解した様子

る上で非常に重要な要素です。このため、マイクロメータには、ばね（圧縮コイルばね）を内蔵したラチェットストップが付いており、一定の測定力で測定できるようになっています。ただし、マイクロメータの使用期間が長くなると、ばね（圧縮コイルばね）が劣化するため、所定の圧縮力（適切な測定力）を得られなくなるので、定期的にラチェットストップの測定力を確認する必要があります。ラチェットストップの校正方法は図3.72（118頁）で解説しているので参照してください。

> Column

「ラチェットストップ」と「フリクションストップ」の違い

　「フリクションストップ」は一般的なマイクロメータの構造である「シンブルとラチェットストップ」という組み合わせをなくし、ラチェットストップの機能をシンブル自体に兼ね備えることで、容易に片手で測定を可能にしたものです。フリクションストップは作業ニーズに合わせた工夫から開発されました。

3-6
外側マイクロメータの校正方法
（外側マイクロメータを分解し、矯正する）

　外側マイクロメータは長期間使用しているとスピンドルの出し入れによってスリーブの内部に小さなごみや塵が入り込み、スピンドルの運動具合が悪くなることがあります。このような場合には、外側マイクロメータを分解して手入れすることで新品同様に蘇らせることができます。以下に、外側マイクロメータを分解する手順と校正方法について解説します。

【手順1】スピンドルを本体から抜き取り、スピンドルを清掃します

　図3.60に、外側マイクロメータのスピンドルをスリーブから抜き取る様子を示します。図に示すように、スピンドルが開く方向（シンブルの目盛が大きくなる方向に回し続けると、スリーブからシンブルを抜き取ることができます。

　シンブルを抜き取った後は、図3.36に示したように、シンブルとラチェットストップを分解し、シンブルの端面をショックレスハンマで軽く叩くと、シンブルとスピンドルを分解することができます。図3.61に示すように、抜き取ったスピンドルは潤滑油・防錆油を染み込ませたきれいな布できれいに拭き、ごみや塵を取ります。

> **ココがポイント！**
>
> **矯正に関しての注意点**
> 本書で紹介する矯正方法は測定工具に対する知識を深めることを趣意としており、個人による矯正を推奨するものではありません。測定工具はトレーサビリティが重要なので、測定工具の信頼性が必要な場合には、測定工具メーカなど校正保証証が発行される機関に矯正・校正を依頼することを勧めます。

図3.60　スピンドルを本体から抜き取る様子

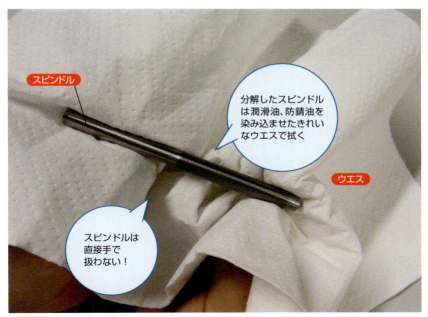

図3.61　スピンドルを清掃する様子

111

【手順2】「テーパナット」を回し、スピンドルの運動具合を調整します

　図3.62に、カギスパナを使用して「テーパナット」を回す様子を示します。図に示すように、購入時に同封されているカギスパナを使用してテーパナットを取り外すことができます。図3.63に、取り外したテーパナットを示します。

　図3.64に、テーパナットを取り外した後のスピンドルの挿入部を拡大して示します。図から、スピンドルの挿入部は溝の付いたテーパ形状になっていることがわかります。つまり、テーパナットを締めるとテーパ形状が細くなり、スピンドルを締め付けるのでスピンドルの運動具合を固くすることができます。一方、テーパナットを緩めるとテーパ形状が太くなり、スピンドルの締め付けが緩むためスピンドルの運動具合をやわらかくすることができます。

　このように、スピンドルの運動具合を固くしたい場合には、スピンドルを抜き取った後、テーパナットを締め込みます。反面、スピンドルの運動具合をやわらかくしたい場合には、スピンドルを抜き取った後、テーパナットを緩めればよいのです。

図3.62　カギスパナを使用して「テーパナット」を回す様子

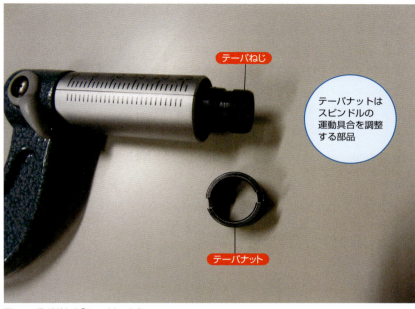

図3.63 取り外した「テーパナット」

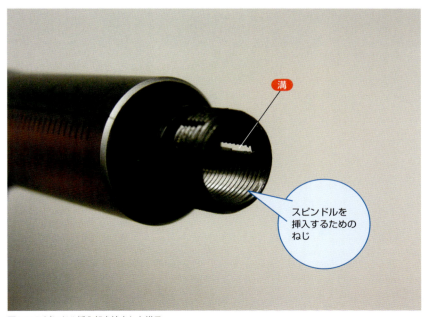

図3.64 スピンドル挿入部を拡大した様子

【手順3】「クランプ」を分解し、クランプレバーの位置を調整します

図3.65に、外側マイクロメータのクランプを分解する様子を示します。図に示すように、精密ドライバを使ってクランプの締め付けねじを緩めると、クランプレバーを取り外すことができます。

図3.66に、取り外したクランプレバーを示します。図に示すように、クランプレバーの穴の円周上には小さな山形の溝が加工されていることがわかります。この小

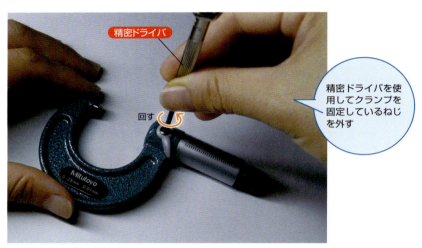

図3.65　クランプを分解する様子

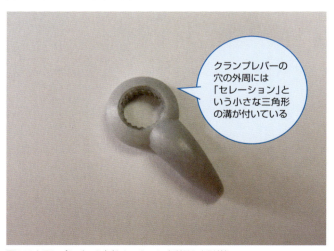

図3.66 クランプレバーの穴（セレーションを利用した形状）

さな山形の溝は「セレーション」と呼ばれます。

図3.67に、クランプレバーが取り付けられていた部品（黄銅製の部品）を取り外す様子を示します。図に示すように、クランプレバーを取り付けていた部品は指で回すと簡単に取り外すことができます。

図3.68に、クランプを分解して、取り外した部品を示します。図に示すように、クランプは4つの部品で構成されていることがわかります。

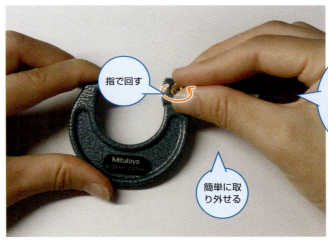

図3.67 クランプレバーが取り付けられていた部品を取り外す

図3.68 クランプレバーを取り付けていた部品

115

図3.69に、外側マイクロメータの内部構造を表した模式図を示します。まずクランプの構造に注目し、クランプレバーを締めるとスピンドルが固定されるしくみについて確認します。図から、クランプレバーを締めることにより、クランプと連結している部品（図3.67に示した黄銅の部品）がスピンドルを側面から押し付ける構造になっていることがわかります。つまり、クランプレバーは機械的にスピンドルを固定するしくみであることが確認できます。

　図3.70に、クランプレバーの位置を調整する様子を示します。また、図3.71に適正なクランプレバーの位置と不適正なクランプレバーの位置を比較して示します。図3.71（左）に示すように、クランプレバーは真下にきたときにスピンドルが固定されるのが適正です。一方、図3.71（右）のようにクランプレバーの位置が真下よりも左側に傾いているときに、スピンドルが固定されるのは不適正です。クランプレバーの位置が真下にきたときにスピンドルが固定されるよう、クランプレバーの位置を調整した後、締め付けねじでクランプレバーを固定します。なお、クランプを取り付ける際は必ずスピンドルをシンブルに挿入した状態で行います。

図3.69　外側マイクロメータの内部構造を表した模式図

図3.70 クランプの位置を調整する様子

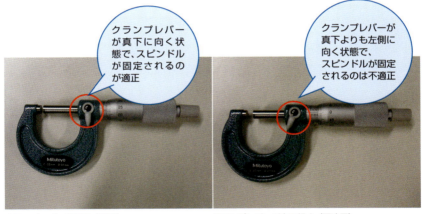

クランプレバーが真下（適正）　　　クランプレバーが左に傾く（不適正）

図3.71 スピンドルが固定されるクランプレバーの位置

外側マイクロメータのクランプはクランプレバーが真下を向くときにスピンドルが固定されるのが正常です。

【手順4】ラチェットストップを分解し、校正します
（ラチェットストップの場合）

図3.72に、ラチェットストップをシンブルから取り外す様子を示します。図に示すように、ラチェットストップとシンブルの間には小さな穴があるので、この穴にカギスパナを差し込み緩めると、ラチェットストップをシンブルから取り外すことができます。

図3.73に、ラチェットストップを分解する様子を示します。図に示すように、精密ドライバを使ってラチェットストップの端面にある締め付けねじを緩めると、ラチェットストップを分解することができます。図3.59で示したように、ラチェットストップは圧縮コイルばねの力により測定力を適切に保持できる機能です。外側マイクロメータを長期間使用していると、圧縮コイルばねの力が弱くなり適切な測定力が得られなくなる場合があります。

図3.74に、JISに規定されているラチェットストップの測定力の検査方法を示します。JIS B7502では、ラチェットストップの測定力の検査方法として、「はかり又は力計の荷重点とスピンドルの測定面中心との間に鋼球を挟み、スピンドルの軸が鉛直になり、かつ、はかり又は力計の読みがゼロになるようにし両者を調整した後、

図3.72　ラチェットストップをシンブルから取り外す様子

ラチェットストップ又は、フリクションストップを回転させ、はかり又は、力計の読みの最大値を読み取る。この手順を5回繰り返し、その平均値を求める」と規定しています。またJISでは、測定範囲500mmまでの外側マイクロメータの測定力は5〜15Nと規定しています。したがって、図に示すような方法で検査を行い、測定力が約510g（5N）以下であれば、圧縮コイルばねが劣化していると判断できます。圧縮ばねはメーカや量販店で入手することができるので、万一、圧縮コイルばねが劣化している場合には交換するのがよいでしょう。ただし、ラチェットストップを分解するのは面倒だという場合には、ラチェットストップ自体をメーカから購入し、ラチェットストップそのものを交換するのもよいでしょう。

なお、測定力不足だけではなく、ラチェットストップを回転させた際、異音がするなどラチェットストップに不具合がある場合にも、ラチェットストップを分解し校正するか、ラチェットストップ自体を交換することを勧めます。

【手順5】各種校正後、もう一度点検を行います

手順1〜4に記載した各部の校正が終了したら、最後にもう一度ゼロ点確認を行います。ゼロ点確認が完了し問題がなければ正常といえるでしょう。

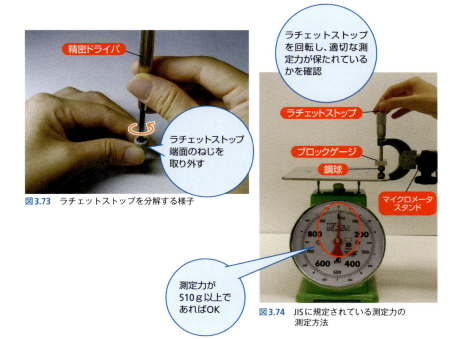

図3.73　ラチェットストップを分解する様子

図3.74　JISに規定されている測定力の測定方法

3-7
内側マイクロメータ
（外側マイクロメータとの違い）

　図3.75に、内側マイクロメータを示します。また、図3.76に、内側マイクロメータと外側マイクロメータの目盛を比較して示します。図に示すように、スリーブの目盛は内側マイクロメータの場合、図中、右から左に向かうほど数値が大きくなることがわかります。一方、外側マイクロメータの場合では、図中、右から左に向かうほど数値が小さくなることがわかります。同様に、シンブルの目盛は内側マイクロメータの場合、シンブルを図中下から上に回すほど数値が大きくなることが確認できます。

　一方、外側マイクロメータの場合では、図中、下から上に回すほど数値が小さくなることが確認できます。

　内側マイクロメータはシンブルを図中下から上に回転させると、図中左の測定面が運動し、測定範囲が大きくなる構造をしています。右側の測定面はスリーブに固定されています。この反面、外側マイクロメータはシンブルを図中下から上に回転させると、図中右の測定面（スピンドルの測定面）が運動し、測定範囲が小さくなる構造をしています。左側の測定面（アンビルの測定面）はフレームに固定されています。つまり、内側マイクロメータは測定値が大きくなる方向で測定を行い、外側マイクロメータは測定値が小さくなる方向で測定を行います。したがって、内側マイクロメータでは、スリーブの目盛が右から左に向かうほど大きくなり、外側マイクロメータでは、スリーブの目盛が右から左に向かうほど小さくなっています。

　このように、内側マイクロメータと外側マイクロメータでは運動する測定面が異なるので使用する場合にも注意が必要です。

> **ココがポイント！**
> 内側マイクロメータは測定値が大きくなる方向で測定を行い、外側マイクロメータは測定値が小さくなる方向で測定を行います。両者はまったく逆の関係なので測定値を読むときは注意が必要です。

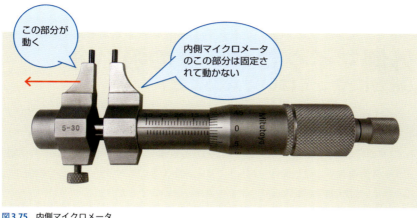

図3.75 内側マイクロメータ

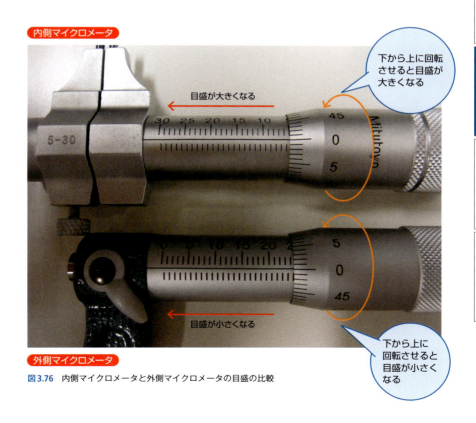

図3.76 内側マイクロメータと外側マイクロメータの目盛の比較

3-8
外側マイクロメータの扱い方
（絶対にやってはいけないこと）

　外側マイクロメータを使用する上で絶対にやってはいけないことがあります。ここでは、外側マイクロメータを使用する上でやってはいけない代表的な2つの「べからず」を紹介します。なお、別著「目で見てわかる機械現場のべからず集－旋盤作業編、フライス盤作業編、研削盤作業編－」では、測定工具の取り扱いをはじめ機械工作における「べからず」を集約していますのでぜひ参照してください。

①シンブルをグルグル回す
　図3.77に、シンブルを持って外側マイクロメータを回転させる様子を示します。図に示すような乱暴な取り扱いをすると、内蔵する精密ねじが異常摩耗し、運動精度（測定精度）が劣化します。このような行為は絶対に行ってはいけません。

図3.77　シンブルを持って外側マイクロメータを回転させる様子

②アンビルとスピンドルの測定面を接触させた状態で、保管する

　図3.78に、測定範囲が0〜25mmの外側マイクロメータをケースに保管する様子を示します。外側マイクロメータのフレームは鉄製ですから、保管中、気温（室温）が高くなればフレームは伸び、気温（室温）が低くなればフレームは縮みます。アンビルとスピンドルの両測定面を接触させて保管すると、気温（室温）が低下しフレームが縮んだ場合、両測定面は押し合うためアンビルとスピンドルに力が作用し、変形や破損の原因になります。

　したがって、図に示すように測定範囲が0〜25mmの外側マイクロメータを保管する場合には、アンビルとスピンドルの両測定面を2〜3mmほど空けて保管します。また、同様の理由でクランプは必ず解除した状態で保管します。

　なお、外側マイクロメータは防錆油を染み込ませたきれいなウエスで各部をていねいに拭いてからケースに保管します。使用後そのままの状態でケースに保管すると、手の汗や湿気などにより各部（特にスピンドル）に錆が生じてしまいます。錆が発生すると使用不能になる場合が多いです。

図3.78　外側マイクロメータをケースに保管する様子

参考　マイクロメータを使って「切りくず」の厚さを測定する

図 3.79 に、マイクロメータを使用して「切りくず」の厚さを測定する様子を示します。機械加工は刃物で材料の不要な箇所を除去し、形状をつくる作業です。不要な箇所を取り除く際に発生するのが「切りくず」です。「切りくず」の厚さが薄いほど刃物の切れ味が良く、「切りくず」の厚さが厚いほど刃物の切れ味が悪いと評価できます。切りくずは「ゴミ」ではなく、刃物の切れ味を評価する大切な情報源です。実際に切りくずの厚さを測定する際には、図 3.80 に示すようなアンビル側測定面が円筒状になったマイクロメータや測定面が尖ったマイクロメータを使用すると便利です。

図3.79　マイクロメータを使用して「切りくず」の厚さを測定する様子

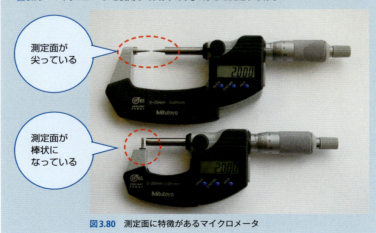

図3.80　測定面に特徴があるマイクロメータ

第4章
ダイヤルゲージを使いこなそう！

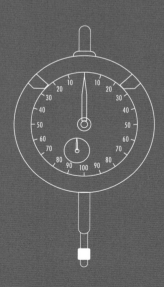

ダイヤルゲージ

図4.1に、ダイヤルゲージを示します。ダイヤルゲージはJIS B 7503に規定されており、図に示すように先端に測定子をもち、スピンドルの直線運動量を長針の回転運動量で表示する測定工具です。

図4.2に、ダイヤルゲージの内部を示します。ダイヤルゲージの内部は裏面のねじを緩めれば確認することができます。図に示すように、ダイヤルゲージの内部には小さな歯車が内蔵されており、この歯車を利用してスピンドルの直線運動を長針の回転運動に変換しています。

ダイヤルゲージはスピンドルの直線運動量を長針の回転運動量に置き換えて表示するだけなので、ダイヤルゲージのみで測定物の大きさ（長さ）を測定することはできません。つまり、ダイヤルゲージを使用して測定物の大きさ（長さ）を測定する場合には、はじめにブロックゲージなど基準となるものを測定し、このとき長針が示

図4.1　ダイヤルゲージ

す目盛を0(ゼロ)に合わせます。次に測定物を測定し、ダイヤルゲージの長針が0(ゼロ)からずれる量を確認し、ずれた量から測定物の大きさ(長さ)を測定します。

このように、ダイヤルゲージは基準となるもの(ブロックゲージなど)と比較することにより、測定物の大きさ(長さ)を測定するので「比較測定工具」と呼ばれます。一方、ノギスやマイクロメータは測定工具本体に長さを示す目盛が刻印されているので、測定物の大きさ(長さ)を直接測定できます。このため、ノギスやマイクロメータは「直接測定工具」と呼ばれます。

ダイヤルゲージは測定物の大きさ(長さ)を直接測定することはできませんが、平行度や平面度、回転体の振れなど連続して変化する量を測定する場合には非常に使い勝手のよい測定工具です。さらに、製品の高さや段差などが寸法許容差に収まっているか否かを確認する場合などは、基準に対する差(±の値)がわかればよいので、このような場合にもダイヤルゲージは有効といえます。また、ダイヤルゲージはノギスやマイクロメータに比較して測定速度が速いことも利点です。ダイヤルゲージは内蔵されている歯車やばねなどの構造が複雑であるため、故障しやすいので取り扱いには十分な注意が必要です。

図4.2　ダイヤルゲージの内部構造(直線運動を回転運動に変換する機構)

4-2 ダイヤルゲージを使用した正しい平面度の測定方法

　図4.3および図4.4に、ダイヤルゲージを使用して平面度を測定する様子を2種類示します。また、図4.5に、ダイヤルゲージを使用して平面度を測定する模式図を示します。

　図4.3では、ダイヤルゲージのスピンドルを測定面に対して垂直にしていることがわかります。このように、ダイヤルゲージを使用した測定では、測定面に対してスピンドルを垂直にするのが正しい使い方です。スピンドルが測定面に対して垂直であれば、測定面に凸凹がある場合、図4.5に示すように、測定面の凸凹の大きさと等しい量だけスピンドルが直線運動するため、正確な凸凹の大きさを測定することができます。

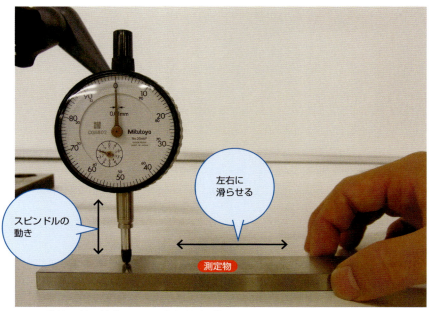

図4.3　ダイヤルゲージを使用して平面度を測定する様子

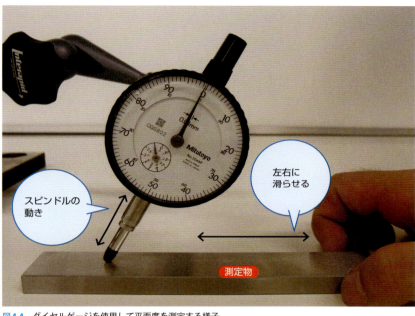

図4.4 ダイヤルゲージを使用して平面度を測定する様子

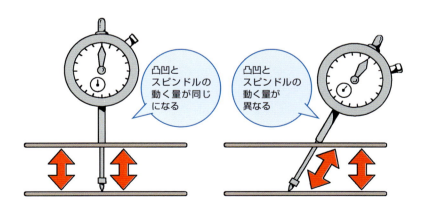

図4.5 ダイヤルゲージを使用して平面度を測定する模式図

4-3 ダイヤルゲージの傾きによる測定誤差を利点に換える

　前項4-2で説明したように、ダイヤルゲージのスピンドルが測定面に対して傾いた状態では、測定面の凸凹の大きさよりもスピンドルの直線運動量が大きくなってしまいます。しかし、この現象を逆に利点として利用することもできます。たとえば、きわめて微小な凸凹を測定する場合、ダイヤルゲージのスピンドルを測定面と垂直に設置すると、凸凹の大きさとスピンドルの運動量が等しくなるので長針の振れ量も小さくなり測定が難しくなります。

　一方、ダイヤルゲージを測定面に対して傾けて設置すると、凸凹の大きさよりもスピンドルの運動量が大きくなるので長針の振れ量が大きくなり測定しやすくなります。このように、ダイヤルゲージを測定面に対して故意に傾けて設置することで実際の凸凹の大きさよりも長針の運動量を大きくし、測定感度を高くすることができます。

　ただし、凸凹の大きさを正確に測定したい場合には、ダイヤルゲージの傾きによる誤差を理論的に計算し、ダイヤルゲージの示す値を補正しなければいけません。また、測定環境の都合上、ダイヤルゲージを傾けて測定しなければいけない場合もあるので、ダイヤルゲージの傾きによる測定誤差（実際の凸凹の大きさとスピンドルの運動量の差）のメカニズムを理解しておくことは大切です。

> Column
>
> ### 測定工具はアナログからデジタルへ進化（読む測定から見る測定へ）
>
> 近年、デジタル表示の測定工具が増えてきました。「読む測定から見る測定へ」測定の世界も進化しています。

4-4 ダイヤルゲージを加工精度向上に使う（測定以外の目的で使う）

図4.6に、ダイヤルゲージを旋盤の刃物台に取り付けた様子を示します。図に示すように、ダイヤルゲージを旋盤の刃物台に取り付けると、刃物台の送りハンドルのバックラッシを気にすることなく、切込み深さを精度よく把握することができます。ここでは旋盤に取り付けた例を紹介しましたが、フライス盤や研削盤でも同じように使用することができます。高精度な機械加工を行うためのダイヤルゲージの使い方です。

> **参考　バックラッシ**
>
> ねじや歯車が円滑に動作するよう設けられた隙間のこと。バックラッシがないと、ねじや歯車が円滑に動作しない一方、バックラッシが大きい場合には目盛と実際の運動量がずれることがあります。

図4.6　ダイヤルゲージを旋盤の刃物台に取り付けた様子

参考 測定子に小さな鋼球を取り付ける

図4.7に、ダイヤルゲージの測定子に小さな鋼球を取り付けた様子を示します。測定物の微小な凸凹を測定したい場合、標準の測定子では測定子先端の半径が大きいため測定できないことがあります。このようなとき、図に示すように、測定子の先端に小さな鋼球を取り付けることにより測定できるようになります。鋼球は瞬間接着剤などで取り付ければよいでしょう。

図4.7 ダイヤルゲージの測定子に小さな鋼球を取り付けた様子

Column

1m（メートル）の定義とは？

国際規格において1メートルは「真空中で光が約1/3億秒間に進む距離」と定められています。つまり、光は1秒間に約3億メートル（300,000km）進みます。地球1周は約40,000kmなので、光は1秒間に地球を7周半することになります。

4-5 シリンダゲージ
（ダイヤルゲージを利用した測定工具）

図4.8に、シリンダゲージを示します。シリンダゲージは内側マイクロメータと同様に、測定物の内側を測定する測定工具ですが、シリンダゲージは深穴の直径を測定する際に多用されます。シリンダゲージはダイヤルゲージを応用した測定工具ですので比較測定工具になります。すなわち、シリンダゲージ単体では穴の直径を測定することはできません。

図4.9に、外側マイクロメータを使用したシリンダゲージのゼロ点合わせの様子を示します。シリンダゲージを使用して、穴の直径を測定する場合には、図に示す

図4.8　シリンダゲージ

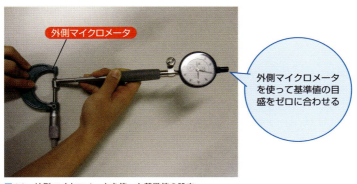

図4.9　外側マイクロメータを使った基準値の設定

ように、あらかじめ外側マイクロメータまたはリングゲージなど基準となるものを測定し、このときにシリンダゲージの長針が示す目盛を0（ゼロ）に合わせます。次に、シリンダゲージで測定物の穴の直径を測定し、シリンダゲージの長針が0（ゼロ）からずれる量を確認します。つまり、シリンダゲージは基準となる寸法（目盛ゼロ）からずれる量によって穴の直径を測定します。

図4.10に、シリンダゲージで穴の直径を測定したときの目盛の一例を示します。図（左）に示すように、シリンダゲージの長針が0（ゼロ）を基準に時計方向に振れていれば、ダイヤルゲージの測定子は基準値以上に押されていることになるので、穴の直径は基準値よりも小さいと判断できます。

一方、図（右）に示すように、シリンダゲージの長針がゼロを基準に反時計方向に振れていれば、ダイヤルゲージの測定子は基準値まで押されていないことになるので、穴の直径は基準値よりも大きいと判断できます。シリンダゲージを使用する初心者に多い測定ミスとして、シリンダゲージの長針が0（ゼロ）を基準に時計方向（プラス側）

図4.10　ダイヤルゲージの長針と穴の直径の関係

ココがポイント！

シリンダゲージと内側マイクロメータの違い

図4.11に、シリンダゲージを使用した深穴の直径測定の様子を示します。シリンダゲージも内側マイクロメータも測定物の内側を測定する測定工具ですが、シリンダゲージは持ち手（柄）が長いので、図に示すような深い穴の直径を測定する場合に便利です。このような構造的な特徴を考慮すれば、シリンダゲージと内側マイクロメータをうまく使い分けることができるでしょう。

に振れていると、穴の直径もプラス(大きい)と勘違いすることがあります。同様に、シリンダゲージの長針が0(ゼロ)を基準に反時計方向(マイナス側)に振れていることで、穴の直径もマイナス(小さい)と勘違いします。シリンダゲージを使用する場合には、ダイヤルゲージの長針と穴の直径の関係を十分に理解しておくことが大切です。

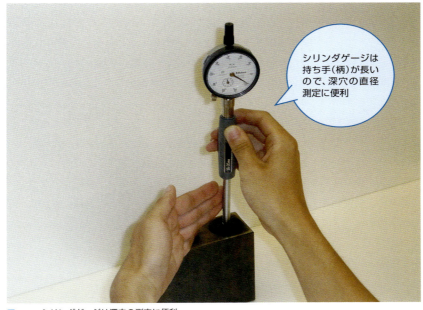

シリンダゲージは持ち手(柄)が長いので、深穴の直径測定に便利

図4.11 シリンダゲージは深穴の測定に便利

ココがポイント!

ダイヤルゲージをシリンダゲージとして使用する場合、ダイヤルゲージをシリンダゲージに挿入するときの向きはダイヤルゲージの目盛板が測定子に平行または垂直になるように取り付けます。作業環境によってダイヤルゲージの向きを変更することが大切です。したがって、ダイヤルゲージの目盛板が測定子に対して水平、垂直のどちらかが正しい位置というわけではありません。

4-6
ダイヤルゲージの扱い方
（絶対にやってはいけないこと）

　ダイヤルゲージを使用する上で絶対にやってはいけないことがあります。ここでは、ダイヤルゲージを使用する上でやってはいけない代表的な「べからず」を紹介します。なお、別著「目で見てわかる機械現場のべからず集－旋盤作業編、フライス盤作業編、研削盤作業編－」では、測定工具の取り扱いをはじめ機械工作における「べからず」を集約していますのでぜひ参照してください。

　図4.12～4.13に、ダイヤルゲージの間違った置き方と正しい置き方を比較して示します。ダイヤルゲージの「裏ぶた」に「耳金」がある場合、図に示すように、ダイヤルゲージを置くとスピンドルに常に負荷が掛かった状態になるためスピンドルの運動精度が悪くなってしまいます。したがって、ダイヤルゲージはきれいなウエスを用意し、目盛板を下にして置くのが正しい置き方です。また、長期に保管する際は購入時のケースに入れるのが理想です。

図4.12　間違ったダイヤルゲージの置き方　　図4.13　正しいダイヤルゲージの置き方・保管の仕方

第5章

絶対に知っておくべき測定工具の基礎知識

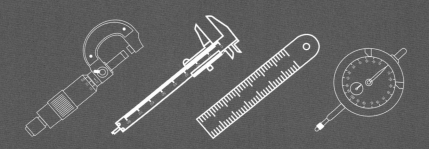

5-1
アッベの原理を理解する

　アッベの原理はドイツのエルンスト・アッベ（Ernst Abbe）によって提唱された原理です。エルンスト・アッベはカメラのレンズで有名なカール・ツアイス（Carl Zeiss）の元社長です。さて、アッベの原理は「測定精度を高めるには、測定物と測定工具の目盛（基準尺）は測定方向の同一直線上に配置しなければいけない」というものです。

　図5.1に、ノギスと外側マイクロメータを使用した測定の様子を示します。図に示すように、ノギスの場合には、測定物とノギス（本尺）の目盛が測定方向の同一直線上になく、測定物と目盛には一定の距離があることがわかります。一方、外側マイクロメータの場合には、測定物とマイクロメータ（スリーブ）の目盛が測定方向の同一直線上にあり、測定物と目盛は延長線上にあることが確認できます。

　図5.2に、ノギスとマイクロメータの構造の違いが測定誤差に与える影響を模式

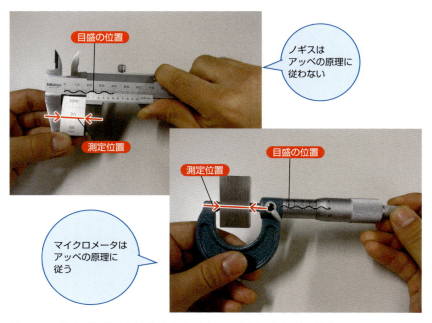

図5.1　アッベの原理を理解する（ノギスと外側マイクロメータを使用した測定の様子）

的に示します。図に示すように、ノギスでは、測定力が強過ぎる場合や測定面の先端で測定物を挟んだ場合、スライド側の外側用ジョウに傾きが生じ、実際の測定物の大きさよりも測定値が小さくなることがわかります。そして、この傾向は測定物と本尺の目盛の距離が長いほど大きくなります。したがって、ノギスを使用した測定では、外側用、内側用測定面ともに先端付近で測定するのは避け、できるかぎり根元で測定し、測定物と本尺の目盛の距離が短くなるように心がけることが大切です。

一方、外側マイクロメータでは、測定力が強すぎたとしても測定物とスリーブの目盛（スピンドル）が同一直線上にあるので、ノギスのような構造上に起因する測定誤差が生じることはありません。つまり、測定物と測定工具の目盛を測定方向の同一直線上に位置することで、測定誤差を小さくできる（測定精度を高くできる）という考え方が「アッベの原理」です。

外側マイクロメータはアッベの原理に従い、ノギスはアッベの原理に従っていないので、構造的な観点から考えても外側マイクロメータはノギスに比べ測定精度が高いということになります。外側マイクロメータとノギスとの測定精度の違いは最小目盛単位の違いによるだけではなく、構造上の違いに起因することも覚えておいてください。

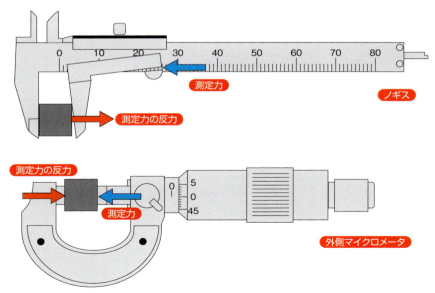

図5.2　アッベの原理による測定精度の違い

5-2

測定値を保証する
(トレーサビリティとは？)

　図5.3に、トレーサビリティの考え方を示します。トレーサビリティはJIS Z 8103に定義されており、「不確かさがすべて表記された切れ目のない比較の連鎖によって、決められた基準に結びつけられ得る測定結果又は標準の値の性質。基準は通常、国家標準又は国際標準である」とされています。簡単には、「正当な標準への関連付け」というように考えればよいでしょう。つまり、「生産現場で使用している測定工具は元をたどっていけば国家が定めた正しい基準器(標準器)で校正されていること(正しい基準器につながっていること)」を意味します。

　日常使用しているさまざまな測定工具が示す測定値が、本当に正しい値かどうか考えたことはあるでしょうか。測定工具は長期間使用すると測定面や運動部が摩耗します。当然、このような測定工具では正確な測定値を示すことはできません。すなわち、測定工具が示す測定値が正確であるのかどうかを確認・保障する必要があります。この作業を「校正」といいます。

　たとえば、マイクロメータはブロックゲージを使用して校正され、そのブロックゲー

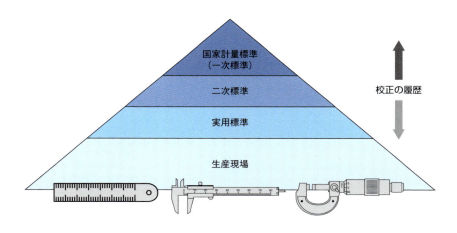

図5.3　測定のトレーサビリティ(概念図)

ジはレーザ測定器で校正され、そのレーザ測定器はさらに精度の高いレーザ測定器で校正されるというように、測定工具の校正の履歴を辿ると、最終的に国家標準（国際標準）までたどり着くことができることを「トレーサビリティ」といいます。言い換えると、トレーサビリティが確立されていない測定工具は信用できないということになります。

近年では、食品の安全性を保障するためにその食品がどこで栽培・飼育・生産され、どのような過程で運搬・袋詰めされたかという食品の履歴追跡を明確にするという意味で「食品のトレーサビリティ（図5.4参照）」という表現が使用されるようになっています。

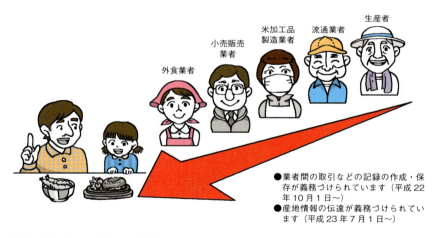

図5.4　食品のトレーサビリティ（概念図）

● 業者間の取引などの記録の作成・保存が義務づけられています（平成22年10月1日〜）
● 産地情報の伝達が義務づけられています（平成23年7月1日〜）

参考　アッベの原理に従うか否か

外側マイクロメータはアッベの原理に従い、ノギスはアッベの原理に従いません。したがって、ノギスを使って測定する際には、測定点と目盛の距離をできるだけ小さくするために測定面の根元で測定物を掴むことが大切です。

定期検査が必要な理由
（器差とは？）

図5.5に、定期検査と測定工具の精度の関係について示します。定期検査とは、6カ月や1年など一定期間使用した測定工具の精度を検査することをいいます。自動車やバイクの車検も定期検査の一種です。

測定工具は使用期間が長くなると、測定工具に内蔵するばねやねじ、歯車が摩耗し、運動部にガタつき、測定面も摩耗します。つまり、測定工具は使用期間が長くなるほど本来もつべき精度（性能）を発揮できなくなります。測定工具本体がもつ精度を「器差」といい、「器差」よりもバラツキの小さい測定はできません。

測定工具の精度（器差）は測定値のバラツキに影響するため、一定期間使用した測定工具は本来もつべき測定精度を維持できているか否か、また不具合がないかなど

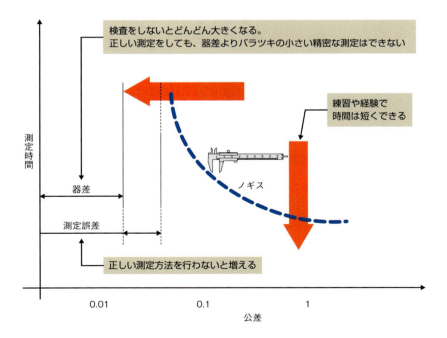

図5.5　定期検査と測定工具本体の精度（器差）の関係

検査する必要があります。つまり、定期検査を行うことにより、測定工具が本来もつべき精度（器差）に蘇らせ、測定値のバラツキが小さい信頼性の高い測定を行うことが大切です。

　また、図中に示す測定誤差とは、「測定物の本当の値（真の値）と測定値の差」を表すもので、測定誤差は新品の（十分に校正・検査された）測定工具を使用した場合でも、正しい測定方法や正しい技能（スキル）で測定しないと発生することになります。測定誤差はゼロであることが望ましく、測定誤差をゼロにするためには、測定の正しい知識と正しい測定方法を身に付ける必要があります。なお、図に示すように、測定時間は練習や経験を積むことで短くできます。

参考　直読と推読

下図に、「直読」と「推読」の違いを示します。測定工具の目盛の最小単位を測定値として読むことを「直読」といいます。一方、測定工具の目盛の最小単位よりも小さい単位まで目測で測定値を読むことを「推読」といいます。たとえば、下図に示す鉛筆の長さはいくつでしょうか？

　直読では 118mm、推読では約 118.2mm ということになります。日常生活では直読を行うことが多いですが、機械工学など専門的に数値を扱う場合には推読することが大切です。専門的な数値の取り扱い方法には「有効数字」という考え方があり、アナログ表示では最小目盛の 1/10 の単位までを有効数字とするのが一般的です。したがって、下図に示すように最小目盛が 1mm の測定工具の場合には、0.1mm の単位まで推読することが大切です。したがって、ノギスやマイクロメータでも最小単位の 1/10 の単位まで読むことが大切です。

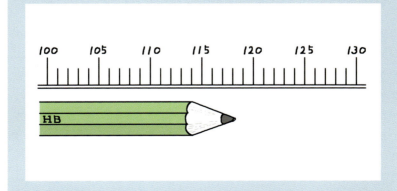

5-4 測定精度から考える測定工具の正しい選択方法

　測定工具には多くの種類があるため、測定物の外側を測るのか、内側を測るのか、段差を測るのか、深さを測るのかなど、測定する場所や目的に合わせて測定工具の種類を適切に選択する必要があります。

　たとえば、測定物の外側を測定する場合、スケール、ノギス、外側マイクロメータなどいずれかを選択することになりますが、適切な測定工具はどれでしょうか？ここでは、スケール、ノギス、マイクロメータの選択指針について測定精度の観点から説明します。ちょっと難しい話になりますが頑張って理解してください。

　測定工具を使用して測定した値（測定値）は必ずバラツキをもった値になります。たとえば、同じ場所を10回測定した場合、すべての測定回数において同じ測定値とならず、通常、測定値は多少違う値になります。このとき、測定値を10回の測定値の平均値で引いた値を「バラツキ（偏差）」といいます。すなわち、1回測定したときの測定値はバラツキをもった値の1つであるということになります。ここで測定値のバラツキの度合いを知るためには、10回の測定におけるバラツキをすべて加算し、その値が大きければバラツキは大きく、その値が小さければバラツキは小さいと判断できるのですが、各測定値のバラツキをすべて加算した値は必ずゼロになります。

　バラツキは測定値から平均値を引いたものなので、プラスの値もあれば、マイナスの値もあるため、各バラツキを平均値で引いた値をすべて加算してもバラツキの度合いを確認することはできません。そこで、バラツキの度合いは各測定値のバラツキを二乗した値を加算することでその大小を判断します。二乗することによりマイナスの値がプラスに返還されるため、加算値でバラツキの度合いを判断できます。なお、バラツキを二乗した値を「偏差平方和」といいます。

　さて、上記のとおり測定値はバラツキをもつ値ですが、バラツキは小さい方がよいです。バラツキが小さく、何度測定しても測定値がほぼ同じ値になれば、測定精度が高いといえ、一方、バラツキが大きければ測定値は一定せず、測定精度は低いといえます。それではバラツキを小さくするにはどうしたらよいでしょうか。

　測定値のバラツキは製品の寸法精度、測定工具本体の精度（器差）、測定環境（温度・湿度）、測定者の技能（スキル）などさまざまな要因が重なり合って発生します。

ここで、測定環境を整え正しい測定技能で正しい測定方法を行うなど、測定工具本体以外のすべての条件を一定にできたと仮定すると、測定値のバラツキは測定物である製品寸法の精度と測定工具本体の精度（器差）の2つに絞ることができます。すなわち、測定値のバラツキは式①で表すことができます。

$$(測定値のバラツキ)^2 = (製品寸法の精度)^2 + (測定工具本体の精度)^2 \quad ①$$

　式①に示したように、測定値のバラツキの度合いは製品寸法の精度と測定工具本体の精度に依存することがわかります。
　ここで、測定値のバラツキの度合いに対する製品寸法の精度と測定工具本体の精度の影響について①〜③の3つの条件で考えてみます。
①製品寸法の精度が1、測定工具本体の精度が1と同じ割合であった場合、測定値のバラツキは式②で示すことができます。

$$測定値のバラツキ = \sqrt{(1^2+1^2)} = 1.41 \cdots \quad ②$$

　式②に示すように、①の条件では測定値のバラツキの度合いは約1.41となります。すなわち、製品寸法の精度（寸法許容差）が1に対して、測定工具本体の精度が1の測定工具を使った場合には、測定値のバラツキの度合いは1.41となり、測定値のバラツキの度合いに対する測定工具本体の精度の影響は41％になります。

②製品寸法の精度（寸法許容差）が1、測定工具本体の精度が0.2（製品寸法の精度の1/5）であった場合、測定値のバラツキは式③で示すことができます。

$$測定値のバラツキ = \sqrt{(1^2+0.2^2)} = 1.02 \quad ③$$

　式③に示すように、②の条件では測定値のバラツキの度合いは約1.02となります。すなわち、製品寸法の精度（寸法許容差）が1に対して、測定工具本体の精度が0.2の測定工具を使った場合、測定値のバラツキの度合いは1.02となり、測定値のバラツキの度合いに対する測定工具本体の精度の影響は2％になります。

③製品寸法の精度（寸法許容差）が1、測定工具本体の精度が0.1（製品寸法の精度の1/10）であった場合、測定値のバラツキは式④で示すことができます。

$$測定値のバラツキ = \sqrt{(1^2+0.1^2)} = 1.005 \quad ④$$

　式④に示すように、③の条件では測定値のバラツキの度合いは約1.005となりま

す。すなわち、製品寸法の精度（寸法許容差）が1に対して、測定工具本体の精度が0.1の測定工具を使った場合、測定値のバラツキの度合いは1.005となり、測定値のバラツキの度合いに対する測定工具本体の精度の影響は0.5％になります。つまり、測定値のバラツキの度合いに対して測定工具本体の精度がほとんど影響しないといえます。

このように、製品寸法の精度（寸法許容差）に対して測定工具本体の精度（器差）を高くすることにより、測定値のバラツキの度合いは小さくなることがわかります。

図5.6に、製品寸法の精度と測定工具本体の精度の関係を示します。図に示すように、製品寸法の精度の1/10、または1/5の精度を持った測定工具を選択することにより、測定工具本体の精度が測定値のバラツキにほとんど影響せず、測定値のバラツキが小さい信頼性の高い測定が可能になります。

このように、使用する測定工具の精度は製品寸法の精度（図面に記入されている寸法許容差）と深い関係があり、製品寸法の精度から測定工具を選択することが大切です。

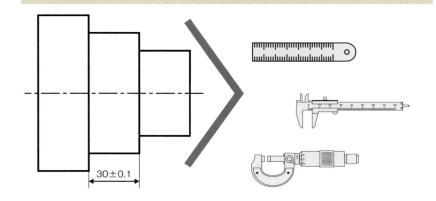

図5.6　製品寸法の精度（寸法許容差）の1/10、または1/5の精度（器差）をもった測定工具を選択する

5-5 測定工具の精度と測定時間の関係を理解する！

　図5.7に、測定工具の精度と測定時間の関係を示します。本図では、マイクロメータ、ノギス、スケールの3つの測定工具を例に記載しています。図から、マイクロメータは測定工具としての精度は高いのですが、測定時間は長く、一方、スケールは測定工具の精度は低いのですが、測定時間は短いことがわかります。そして、ノギスはマイクロメータとスケールの中間に位置することがわかります。このようにマイクロメータ、ノギス、スケールの順番に精度の高い測定ができる反面、測定時間は長くなります。これは測定工具の使いやすさや目盛の読みやすさに起因するもので、測定精度と測定時間は相反する関係にあることを理解することが大切です。測定を行う場合、測定精度を優先し、測定時間が長くなってもいけませんし、測定時間を優先し、測定精度が低くなってもいけません。測定工具の精度と測定時間の関係を考慮し、両者のバランスの取れた測定工具を選択することが重要です。

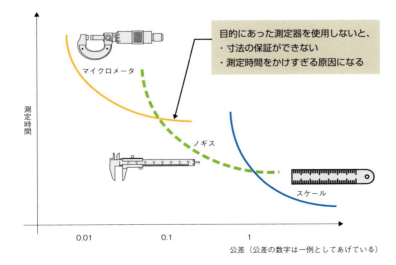

図5.7　測定工具の精度と測定時間の関係

正しい測定を行うために知っておきたいこと（測定誤差を生む要因）

(1)温度によって長さは変わる(熱膨張係数)

　図5.8に、温度と物体の変位量の関係を模式的に示します。測定物や測定工具をはじめ世の中にある物体は温度によって長さが変化します。一般に、温度が高くなると物体は伸び、温度が下がると物体は縮みます。1℃の温度差で伸び縮みする割合を「熱膨張係数」といい、熱膨張係数は物体の材質により異なります。温度と物体の変位量の変化は式①で表すことができます。

　表5.1に、代表的な材質の熱膨張係数を示します。表に示すように、熱膨張係数の大きい材質ほど1℃あたりの変位量が大きく、一方、熱膨張係数の小さい材質ほど1℃あたりの変位量は小さくなります。たとえば、長さが100mmの鋼材の温度が10℃上昇したとします。この場合、表から、鋼材の熱膨張係数は「10〜13×10^{-6}/℃」と確認できるので、中間の値をとって12×10^{-6}/℃とします。長さが100mm、温度差10℃、熱膨張係数12×10^{-6}/℃の各条件を式①に代入すると、鋼材の長さは12×10^{-3}mm(12μm)伸びることになります。また、同条件でアルミニウムの場合には、熱膨張係数が23.80×10^{-6}なので長さは23.8×10^{-3}mm(約24μm)伸びることに

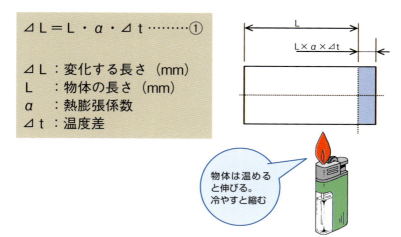

$$\Delta L = L \cdot \alpha \cdot \Delta t \quad \cdots\cdots\cdots ①$$

ΔL ：変化する長さ（mm）
L 　：物体の長さ（mm）
α 　：熱膨張係数
Δt ：温度差

物体は温めると伸びる。冷やすと縮む

図5.8　温度と変位量の関係

なります。鉄よりもアルミニウムが変位しやすいことがわかります。JISでは、長さ測定の標準温度は20℃と規定されており、精密な測定を行う場合には、測定物および測定工具ともに標準温度(20℃)に近づけて測定することが大切です。

表5.1 代表的な材質の熱膨張係数($\times 10^{-6}$/℃)

材料	熱膨張係数($\times 10^{-6}$/℃)	材料	熱膨張係数($\times 10^{-6}$/℃)
鋳鉄	9.2～11.8	すず	23
鋼	10～13	亜鉛	26.7
鉄	12	ジュラルミン	22.6
銅	18.5	白金	9
青銅	17.5	銀	19.5
黄銅	18.5	石英ガラス	0.5
アルミニウム	23.8	フェノール樹脂	3～4.5
ニッケル	13	ポリエチレン	0.5～5.5
金	14.2	ナイロン	10～15

参考 測定場所の標準環境とは？

JIS Z 8703では試験場所の標準状態を定めており、試験の目的に応じて温度は20℃、23℃、25℃、湿度は50%または65%と定めています。
一般に、測定では温度20℃、湿度50%を標準環境（状態）としています。

ココがポイント！

自動車の定期点検の頻度は法律で1年や2年など規定されていますが、測定工具の定期点検の頻度はJISでは規定されていません。ただし、一般的には6カ月または1年ごとに点検することが通例となっています。

参考　マイクロメータのフレームの伸び量

図 5.9 に外側マイクロメータのフレームを握った様子を、図 5.10 にフレームを握った時間とフレームの伸び量の関係の例を示します。図からフレームを握った時間が長くなるほどフレームの伸び量も大きくなることがわかります。また、測定範囲が大きいマイクロメータほど伸び量が大きくなることも確認できます。したがって、測定範囲の大きいマイクロメータほどフレームを握る時間を少なくすることが大切です。

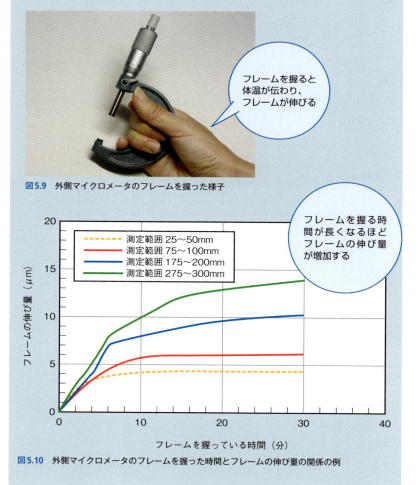

図5.9　外側マイクロメータのフレームを握った様子

図5.10　外側マイクロメータのフレームを握った時間とフレームの伸び量の関係の例

150

(2)力を加えると形が変形する(弾性変形)

物体に力が加わると物体は変形し、力を取り除くと物体は元の形状に戻ります。このような性質を「弾性」といい、弾性によって生じる変形を「弾性変形」といいます。測定では、測定工具の測定面で測定物を挟むため、測定工具の接触面および測定物には必ず弾性変形が生じます。測定工具の接触面および測定物に弾性変形が生じると真の値と測定値には誤差が生じるので、正確な測定値を測定するためには弾性変形に対する正しい知識をもつことが必要です。以下に、主な弾性変形の形態について解説します。

①フックの法則による変形

図5.11に、物体に作用する力(応力)と物体が変形する割合(ひずみ)の関係を示します。図から、応力が大きくなると、ひずみも大きくなることがわかります。一般に、応力が小さい場合には応力とひずみは完全に比例し、両者が比例するときの傾き(比例定数)を縦弾性係数(ヤング率)といいます。縦弾性係数は物体の材質によって異なり、縦弾性係数が小さいほど変形しやすく、縦弾性係数が大きいほど変形しにくくなります。縦弾性係数は「変形のしにくさ」を表す指標です。そして応力とひずみが比例する法則を「フックの法則」といいます。フックの法則は「ばね」でも成立する法則です(ばねに作用する力とばねの変位量は比例する関係)。測定力が大きくなると測定物および測定工具の測定面の変形が大きくなるため、測定力はできるだけ小さいほうがよいことといえます。ただし、測定力が小さすぎると測定が不安定になるので、適切な測定力で測定することが大切です。

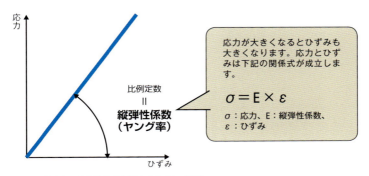

図5.11　作用する力と物体が変形する大きさの関係

②ヘルツの法則による変形

図5.12に、外側マイクロメータの測定面と測定物の接触点で発生する局所的な変形を模式的に示します。図に示すように、測定面と測定物の接触点では局部的な弾性変形が発生します。局所的な変形は球や平面が点接触や線接触する際に発生し、変形の大きさは測定力の大きさや接触点の断面形状によって異なります。

このように、接触面の大きさが接触する相互の物体よりもはるかに小さい場合の理論的な考え方を「ヘルツの法則」といいます。図に示すように外側マイクロメータで球や円筒物を測定する場合には、測定物と測定面では局所的な変形が発生しています。

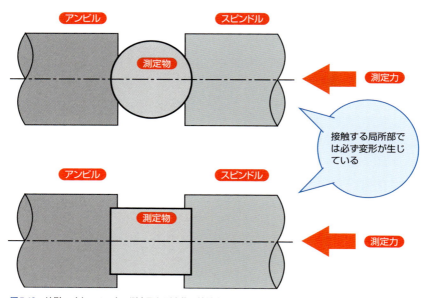

図5.12 外側マイクロメータの測定面と測定物の接触点で発生する局所的な変形

ヘルツの法則は「歯車やねじ」の接触点でも成り立つ法則です。

③自重によるたわみ

図5.13および図5.14に、エアリー点とベッセル点で支持した物体のたわみをそれぞれ示します。非常に長い測定物を水平に置くとき、支持点の位置により測定物の自重によるたわみが問題となることがあります。測定物の両端の測定面の平行を保つための支持点を「エアリー点」といい、全長をLとすると両端から0.2113Lの位置になります。また、物体の中心軸面の変形を最小に保つための支持点を「ベッセル点」といい、全長をLとすると両端から0.2203Lの位置になります。エアリー点とベッセル点の位置は微小に違うので注意してください。測定では、たとえば、ブロックゲージなど基準尺の端面の平行を維持したいときにはエアリー点で支持し、スケールなど測定工具の目盛面の変形を最小にしたい場合にはベッセル点で支持します。

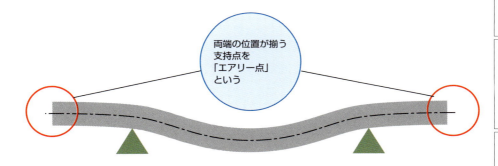

図5.13 エアリー点で支持された物体のたわみ

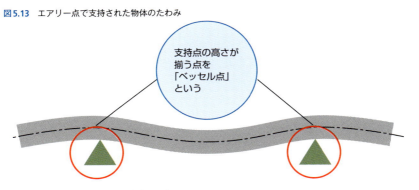

図5.14 ベッセル点で支持された物体のたわみ

> Column

巻尺の先端に付いているL字金具がグラグラの理由

図 5.15 に巻尺を示します。巻尺は日常的に使用する測定工具の一種です。図に示すように、巻尺の先端にはL字金具が付いていますが、通常、購入直後から「グラグラ」しています。「不良品ではないか？」と思われた方もいると思いますが、「グラグラ」が正常の状態です。巻尺を使って測定物の外側を測定する際にはL字金具を測定物に引っ掛けるので、金具が外側にずれます。実はこのとき、L字金具の内側は目盛の 0（ゼロ）になるようになっています。

一方、巻尺を使って測定物の内側を測定する際にはL字金具を測定物に押し付けるので、金具が内側にずれます。このとき、L字金具の外側は目盛の 0（ゼロ）になるようになっています。すなわち、L字金具の爪の厚さはグラグラする量と同じになっており、測定物の外側を測定するときは爪の内側が目盛の 0、測定物の内側を測定するときは爪の外側が 0 に自動的に調整されるように工夫されています。巻尺のL字金具の「グラグラ」は不良ではなく、実際に測定を行う際、自動的に正確に測定できるよう工夫されたアイデアなのです。

図 5.15　「巻尺」は測定工具の一種

測定の心得十訓

壱．目的、精度に適合した測定工具を選択すること

弐．トレーサビリティが確立した測定工具を使うこと

参．測定面・測定物を清掃すること

四．測定工具の点検・校正を行うこと

五．測定工具と測定物を標準温度（温度 20°C、湿度 50%）になじませること

六．測定力を一定にすること

七．安定した測定を心がけること

八．目盛は正面から読むこと

九．測定工具の取り扱いはていねいに行うこと

拾．終了後は測定工具を清掃すること

索引

英
L字金具 …………………………………… 154

あ
圧縮コイルばね ………………………… 100
アッベの原理 …………………………… 138
アナログノギス ………………………… 18
油といし ………………………………… 54
アンビル ………………………………… 68
板ばね …………………………………… 45
ウィットねじ …………………………… 15
エアリー点 ……………………………… 153
応力 ……………………………………… 151
押しねじ ………………………………… 45

か
外側マイクロメータ …………………… 68
外側用ジョウ …………………………… 56
外側用測定面 …………………………… 25
カギスパナ ……………………………… 86
片手測定 ………………………………… 107
機械検査技能士 ………………………… 34
器差 ……………………………………… 142
基準線 …………………………………… 72
基準目盛 ………………………………… 68
許容差 …………………………………… 12
切りくず ………………………………… 124
金属製直尺 ……………………………… 8
クランプレバー ………………………… 114
けがき作業 ……………………………… 35

さ
視差 ……………………………………… 11
周期ピッチ誤差 ………………………… 103
潤滑油 …………………………………… 25
定規 ……………………………………… 16
ショックレスハンマ …………………… 59
シリンダゲージ ………………………… 133
シンブル ………………………………… 68
推読 ……………………………………… 143
スケール ………………………………… 8
ステム …………………………………… 126
ストッパ ………………………………… 50
スピンドル ……………………………… 68
スピンドル油 …………………………… 25
スライダ ………………………………… 18
スリーブ ………………………………… 68
寸法許容差 ……………………………… 146
精密ドライバ …………………………… 47
セットねじ ……………………………… 45
漸進ピッチ誤差 ………………………… 103
測定環境 ………………………………… 144
測定器 …………………………………… 9
測定工具 ………………………………… 9
測定子 …………………………………… 126

た
ダイヤルゲージ ………………………… 126
タップ加工 ……………………………… 14
単一ピッチ誤差 ………………………… 103

た（続き）
弾性 ……………………………………… 151
弾性変形 ………………………………… 151
超硬合金 ………………………………… 70
直接測定工具 …………………………… 127
直読 ……………………………………… 143
定期検査 ………………………………… 142
テーパ形状 ……………………………… 112
テーパナット …………………………… 112
デジタルノギス ………………………… 18
デプスバー ……………………………… 18
デプスマイクロメータ ………………… 71
止めねじ ………………………………… 24
ドリル径 ………………………………… 14
トレーサビリティ ……………………… 140

な
内側マイクロメータ …………………… 71
内側用測定面 …………………………… 25
ノギス …………………………………… 18
のこ歯形クラッチ ……………………… 108
ノニス …………………………………… 37

は
バーニアキャリパ ……………………… 21
バーニア目盛 …………………………… 18
バイス …………………………………… 56
バックラッシ …………………………… 131
バラツキ ………………………………… 144
ひずみ …………………………………… 151
引っ掛かり率 …………………………… 15
比例定数 ………………………………… 151
フックの法則 …………………………… 151
フリクションストップ ………………… 98
ブロックゲージ ………………………… 140
ベッセル点 ……………………………… 153
ヘルツの法則 …………………………… 152
偏差 ……………………………………… 144
偏差平方和 ……………………………… 144
防錆油 …………………………………… 25
本尺 ……………………………………… 18

ま
マイクロメータスタンド ……………… 81
耳金 ……………………………………… 136
目測 ……………………………………… 13
木ハンマ ………………………………… 57

や
ヤング率 ………………………………… 151
有効数字 ………………………………… 143
ユニファイねじ ………………………… 15
指かけ …………………………………… 24

ら
ラチェットストップ …………………… 68
ラチェットストップ仕様 ……………… 106
リンギング ……………………………… 34
累積ピッチ誤差 ………………………… 103
ルーローの三角形 ……………………… 37
レーザ測定器 …………………………… 141

[参考文献]
- 「目で見てわかる機械現場のべからず集-旋盤作業編 (Visual Books)」澤武一著、日刊工業新聞社
- 「目で見てわかる機械現場のべからず集-フライス盤作業編(Visual Books)」澤武一著、日刊工業新聞社
- 「目で見てわかる機械現場のべからず集-研削盤作業編 (Visual Books)」澤武一著、日刊工業新聞社
- 「ココからはじめる旋盤加工-基礎をしっかりマスター」澤武一著、日刊工業新聞社

●著者略歴

澤　武一（さわ たけかず）

芝浦工業大学 工学部 機械工学科
臨床機械加工研究室 教授
博士（工学）、ものづくりマイスター（DX）、
1級技能士（機械加工職種、機械保全職種）

2014年7月 厚生労働省ものづくりマイスター認定
2020年4月 芝浦工業大学　教授
専門分野：固定砥粒加工、臨床機械加工学、機械造形工学

著書
・今日からモノ知りシリーズ　トコトンやさしいNC旋盤の本
・今日からモノ知りシリーズ　トコトンやさしいマシニングセンタの本
・今日からモノ知りシリーズ　トコトンやさしい旋盤の本
・今日からモノ知りシリーズ　トコトンやさしい工作機械の本　第2版（共著）
・わかる！使える！機械加工入門
・わかる！使える！作業工具・取付具入門
・わかる！使える！マシニングセンタ入門
・目で見てわかる「使いこなす測定工具」―正しい使い方と点検・校正作業―
・目で見てわかるドリルの選び方・使い方
・目で見てわかるスローアウェイチップの選び方・使い方
・目で見てわかるエンドミルの選び方・使い方
・目で見てわかるミニ旋盤の使い方
・目で見てわかる研削盤作業
・目で見てわかるフライス盤作業
・目で見てわかる旋盤作業
・目で見てわかる機械現場のべからず集―研削盤作業編―
・目で見てわかる機械現場のべからず集　―フライス盤作業編―
・目で見てわかる機械現場のべからず集―旋盤作業編―
・絵とき「旋盤加工」基礎のきそ
・絵とき「フライス加工」基礎のきそ
・絵とき　続・「旋盤加工」基礎のきそ
・基礎をしっかりマスター「ココからはじめる旋盤加工」
・目で見て合格　技能検定実技試験「普通旋盤作業2級」手順と解説
・目で見て合格　技能検定実技試験「普通旋盤作業3級」手順と解説
……いずれも日刊工業新聞社発行

カラー版　目で見てわかる
測定工具の使い方・校正作業

2024年10月23日　初版1刷発行

ⓒ著者　　　　澤 武一
　発行者　　　井水 治博
　発行所　　　日刊工業新聞社　〒103-8548 東京都中央区日本橋小網町14番1号
　　　　　　　書籍編集部　　　電話 03-5644-7490
　　　　　　　販売・管理部　　電話 03-5644-7403　FAX 03-5644-7400
　　　　　　　URL　　　　　　https://pub.nikkan.co.jp/
　　　　　　　e-mail　　　　　info_shuppan@nikkan.tech
　　　　　　　振替口座　　　　00190-2-186076

本文デザイン・DTP　志岐デザイン事務所（大山陽子）
本文イラスト　　　　志岐デザイン事務所（角一葉）
印刷・製本　　　　　新日本印刷㈱

2024 Printed in Japan　　落丁・乱丁本はお取り替えいたします。
ISBN　978-4-526-08354-9　C3053
本書の無断複写は、著作権法上の例外を除き、禁じられています。